Ergebnisse der Anatomie und Entwicklungsgeschichte
Advances in Anatomy, Embryology and Cell Biology
Revues d'anatomie et de morphologie expérimentale

41 · 6

Editores
A. Brodal, Oslo · W. Hild, Galveston · R. Ortmann, Köln
T. H. Schiebler, Würzburg · G. Töndury, Zürich · E. Wolff, Paris

Martin Meyer, Harro Aurin, Horst Rummelfänger

Die Schlüpfdrüse der Geburtshelferkröte (*Alytes o. obstetricans* [LAURENTI]) und anderer Froschlurche

Mit 12 Abbildungen

Springer-Verlag Berlin Heidelberg GmbH

Prof. Dr. med. habil. Martin Meyer

Harro Aurin

Horst Rummelfänger

Anatomisches Institut der Medizinischen Akademie
Magdeburg

ISBN 978-3-662-23974-2   ISBN 978-3-662-26086-9 (eBook)
DOI 10.1007/978-3-662-26086-9

© by Springer-Verlag Berlin Heidelberg 1969. Library of Congress Catalog Card Number 65-20582
Titel-Nr. 6960.
Ursprünglich erschienen bei Springer-Verlag Berlin Heidelberg New York 1969.

Inhalt

I. Einleitung

Fahrenholz (1925), Noble (1926), Bergeot und Wintrebert (1926) sowie Wintrebert (1928) haben die Vorstellung korrigiert, daß die Larve der Geburtshelferkröte (*Alytes o. obstetricans*) beim Schlüpfen die Eihüllen durchbeißt (zuletzt noch Remane, 1923), sie durch heftige Bewegungen öffnet (Werner, 1922) bzw. sich durch die Eischale bohrt (Wunder, 1932). Trotzdem ist an dem dafür wichtigen Gebilde, nämlich dem sog. Stirnstreifen, auch als Stirnorgan oder -drüse bezeichnet, noch vieles problematisch. Wie ein Vergleich der bisherigen Angaben zeigt, ist in anatomischer Hinsicht schon die Form des Gesamtorgans unvollständig geklärt.

Deutlich ist bisher, daß die Verhältnisse im wesentlichen so sind, wie sie offenbar für die allermeisten Froschlurche *(Anura, Salientia)* zutreffen. Mögliche Besonderheiten bei *Alytes* dürften in erster Linie von der eigenartigen Brutpflege mit dem ungewöhnlichen Luftaufenthalt des Laiches und der damit zusammenhängenden starken Verfestigung der Eihüllen herrühren.

Die Kenntnis vom Schlüpfvorgang der *Anuren* mit der maßgebenden Funktion einer speziellen Drüse gründet sich auf Bles (1905), der die Verhältnisse bei *Xenopus laevis* analysierte. Davor sind zwar auch schon gewisse Feststellungen getroffen worden, wurden aber falsch oder gar nicht erklärt. Danach hat sich eine Vielzahl von Forschern mit dem Problem bei einer ganzen Reihe von Froschlurchen auseinandergesetzt. Eine Übersicht über die verstreute Literatur gibt die Tabelle 1, welche die alte Zusammenstellung von Lieberkind (1937) ergänzt und ablöst. Hingewiesen sei hierbei auch noch auf die speziellen Darlegungen von Needham (1931, S. 1595—1600) sowie von Buznikov und Ignatjeva (1958) über die Schlüpffermente, welche nicht nur die Froschlurche, sondern auch die Schwanzlurche, Fische etc. betreffen.

Die große Zahl positiver Ergebnisse, welche die Tabelle wiedergibt, darf nicht darüber hinwegtäuschen, daß der anatomische Gehalt fehlt bzw. z. T. sehr gering ist oder durch unzureichende Präzision gemindert erscheint. Unter den herausragenden, histologisch ausgerichteten Arbeiten seien aus der jüngsten Zeit vor allem die von Yanai und seinen Mitarbeitern (1950—1958) genannt, in denen auch die Genese des Organs betrachtet worden ist. Allerdings kann die dabei ausschließlich angewandte Methode der Materialverarbeitung in Form von Querschnittserien nicht in allen Punkten befriedigen.

Vor dem Hintergrund sämtlicher bisherigen Feststellungen sei hier aus Yanais Befunden nur ein Ergebnis abgeleitet. Danach ist die Schlüpfdrüse morphologisch eindeutig mehr als das „Stirnorgan" der älteren Autoren; denn bei allen von ihm untersuchten Tieren wird die diesem Terminus entsprechende Region erheblich überschritten: stets ist ein caudalwärts gerichteter dorsomedianer Drüsenstreifen vorhanden, wie ihn Beccari (1914) augenscheinlich erstmals gesehen hat und dann Saguchi (1915) sowie Sato (1924: „Dorsaldrüse") besonders herausgestellt haben. Ob *Alytes* in dieser Hinsicht ähnliches bietet oder der enge

Tabelle 1.

Anuren, bei denen eine Schlüpfdrüse bzw. Schlüpfjermente nachgewiesen oder vermutet wurden

Alytes obstetricans	Fahrenholz (1925), Noble (1926), Bergeot u. Wintrebert (1926), Wintrebert (1928), Martin (1959)[a]
Bombina bombina	Goette (1875), Jaensch (1921: *sp.* ?)
Bufo arenarum	Fernandez-Marcinowski (1921)
Bufo bufo	Peter (1901), v. Kupffer (1903), Beccari (1914), Sato (1924: *B. b. japonicus*), Eggert (1929), Goda (1929: *B. b. formosus*), Yanai (1950: *B. b. formosus*), Kawahara (1951—1953), Yanai, Ouji u. Omura (1953: *B. b. formosus*), Kobayashi (1954a—d: *B. b. formosus*), Minganti u. Azzolina (1955)
Bufo d' Orbignyi	Fernandez-Marcinowski (1921)
Bufo calamita	Poska-Teiss (1930)
Bufo viridis	Esposito Seu Margherita (1950)
Bufo w. woodhousei	Youngstrom (1938)
Discoglossus pictus	Manfredonia (1937), Siggia (1937), Esposito Seu Margherita (1950), Minganti u. Azzolina (1955)
Hyla arborea	Bles (1905: *H. a. meridionalis*), Saguchi (1915: *sp.* ?), Wintrebert (1928: *H. a. meridionalis*), Yanai u. Takayanagi (1958: *H. a. japonica*)
Hyla avivoca	Volpe, Wilkens u. Dobie (1961)
Leiopelma archeyi	Stephenson (1951), Stephenson u. Stephenson (1957)
Leiopelma hochstetteri	Stephenson (1955)
Leptodactylus ocellatus	Fernandez-Marcinowski (1921), Bonjour (1930)
Microhyla ornata	Wu u. Wang (1948)
Paludicola nebulosa	Bonjour (1930)
Pseudis mantidactyla	Fernandez-Marcinowski (1921)
Rana arvalis	Jaensch (1921)
Rana catesbiana	Yanai (1951a)
Rana capito sevosa	Volpe (1957)
Rana dalmatina	Rossi (1904), Cambar (1953), Cambar u. Williaume (1954)
Rana esculenta	Corning (1899), Hinsberg (1901), Rossi (1904), Beccari (1914), Saguchi (1915), Esposito Seu Margherita (1950)
Rana japonica	Ishida (1947), Yanai (1952b), Kobayashi (1954b), Yanai, Ouji u. Iga (1955, 1956)
Rana limnocharis	Wu u. Wang (1948)
Rana nigromaculata	Wu u. Wang (1948), Yanai (1951c: *R. n. nigromac.*), Kawahara (1952, 1953), Yanai, Ouji u. Omura (1953: *R. n. nigromac.*), Yanai, Ouji u. Iga (1955, 1956: *R. n. nigromac.*)
Rana pipiens	Noble (1926), Cooper (1936)
Rana rugosa	Yanai (1951b)
Rana sylvatica	Noble (1926)
Rana temporaria	v. Kupffer (1893, 1903), Corning (1899), Hinsberg (1901), Beccari (1914), Jaensch (1921), Holtfreter (1933), Yanai (1952a: *R. t. ornativentris*), Kawahara (1952a, 1953), Katagiri (1963)

Tabelle 1 (Fortsetzung)

Rhacophorus (*Polypedates*) *buergeri*	Yanai (1958)
Rhacophorus leucomystax	Eggert (1929)
Rhacophorus schlegelii	Saguchi (1915: *sp. ?*), Yanai (1953: *R. s. arborea* und *R. s. schlegelii*)
Scaphiopus holbrookii	Noble (1926)
Xenopus laevis	Bles (1905), Peter (1931), Weisz (1945), Nieuwkoop u. Faber (1956)

a Leider war es nicht mehr möglich, die beachtenswerten Ergebnisse dieser Autorin, welche unter anderem die Brutbiologie von *Alytes* und die Anatomie seiner Schlüpfdrüse betrachtet hat, zu berücksichtigen. Sie gelangten erst nach Abschluß der vorliegenden Schrift durch die sehr große Freundlichkeit von Herrn Prof. Cambar, Bordeaux, in unsere Hände.

alte Begriff hier zu Recht besteht, ist eine der zu klärenden Fragen. Um das Ziel schnell zu erreichen, wurde die bisher übliche Methode (Untersuchung von Transversalschnitten) weitgehend verlassen und bevorzugt an Totalpräparaten des Hautmantels gearbeitet. Diese für den größten Teil der histologischen Studien angewandte Methode bietet auch sonst manchen Vorteil, lohnt also die durch eine exakte Präparation bedingte größere Mühe.

Zur *Geburtshelferkröte* ist im übrigen zu sagen, daß sie für alle feineren Analysen der Drüse von vornherein prädestiniert ist; denn sämtliche entsprechenden Zellen sind während der ganzen Zeit ihrer Existenz völlig pigmentfrei (was bei den einheimischen Arten sonst nicht der Fall ist). Dadurch wird die cytologische Untersuchung sehr erleichtert. Hinzu kommt noch die exzessiv hohe Zahl an Drüsenzellen, welche zusammen mit der allgemeinen guten Übersichtlichkeit die vorgenommenen orientierenden histochemischen Analysen begünstigen mußte.

Ein besonderes Anliegen der Arbeit ist es, auf vergleichend anatomischer Basis einen Überblick über die Verhältnisse zu gewinnen, um so größere Zusammenhänge aufzudecken. Dazu sind sämtliche übrigen einheimischen und eine Anzahl fremdländischer Froschlurche in einigem Umfang mitbetrachtet worden. Im ganzen sollen die Untersuchungen zugleich gewisse Grundlagen für entwicklungsphysiologische Forschungen nach Art der von Holtfreter (1933) unternommenen schaffen und schließlich der in Betracht kommenden Sparte der Enzymologie, welcher z. B. die Arbeiten von Ishida (1947) sowie Minganti und Azzolina (1955) gelten, dienen.

II. Material und Methodik

Untersucht wurden Embryonen, Junglarven und nach Bedarf auch ältere Larven sämtlicher 13 einheimischen Froschlurcharten:

Alytes o. obstetricans (Laurenti):	Geburtshelferkröte
Bombina bombina (Linné):	Tieflandunke
Bombina v. variegata (Linné):	Bergunke
Bufo b. bufo (Linné):	Erdkröte
Bufo calamita Laurenti:	Kreuzkröte
Bufo v. viridis Laurenti:	Wechselkröte
Hyla a. arborea (Linné):	Laubfrosch

Pelobates f. fuscus (Laurenti):   Knoblauchkröte
Rana a. arvalis (Nilsson):   Moorfrosch
Rana dalmatina Bonaparte: Springfrosch
Rana esculenta Linné: Teichfrosch
Rana r. ridibunda Pallas: Seefrosch
Rana t. temporaria Linné: Grasfrosch

Außerdem wurden folgende 31 fremdländische Arten untersucht:

Afrixalus fornasinii	*Hyperolius melanoleucus*
Arthroleptella bicolor	*Limnodynastes tasmaniensis*
Arthroleptella lightfooti	*Pelodytes punctatus*
Bufo angusticeps	*Phrynobatrachus natalensis*
Bufo bufo formosus	*Rana adspersa*
Bufo carens	*Rana angolensis*
Bufo fowleri	*Rana areolata circulosa*
Bufo melanostictus	*Rana delalandii*
Bufo terrestris charlesmithi	*Rana pipiens*
Crinia georgiana	*Rana sylvatica*
Crinia signifera	*Rhacophorus maculatus*
Discoglossus pictus	*Rhacophorus pardalis*
Heleophryne purcelli	*Rhacophorus schlegelii arborea*
Hyla aurea	*Rhacophorus s. schlegelii*
Hyla brunnea	*Xenopus laevis*
Hymenochirus boettgeri	

Bis auf *Rana dalmatina* entstammen die hiesigen Tiere entweder Gelegen, die in der Umgebung von Rostock oder Magdeburg sowie in der Lausitz unmittelbar nach dem Ablaichen gesammelt wurden, oder aber auch solchen, welche direkt im Labor abgesetzt worden sind. Das *Alytes*-Material gehört zu Männchen, die mit einer Eischnur beladen zu verschiedenen Zeiten (Ende Mai bis Anfang August 1964—1967) im südlichen Randgebiet des Harzes gefangen und dann sehr behutsam in Labor-Terrarien gehalten worden waren. Von den Exoten wurden die Embryonen und Larven von *Discoglossus*, *Hymenochirus*, *Limnodynastes* und *Xenopus* ebenfalls im Labor aus Laich zur Entwicklung gebracht. Alle übrigen fremdländischen Tiere sowie *Rana dalmatina* kamen in konserviertem Zustand von außerhalb in unseren Besitz.

Das im Labor bei Tageslichtwechsel aufgezogene Untersuchungsmaterial ist in der interessierenden Entwicklungsperiode bei paralleler stereomikroskopischer Betrachtung zu verschiedenen Zeiten fixiert worden. Dabei wurde eine Reihe entsprechender Fixationsmittel bzw. -gemische benutzt, und zwar vor allem Neutralformalin, Formalin-Calcium, Trichloressigsäure - Alkohol, Pikrinsäure - Formalin - Eisessig (Bouin), Alkohol - Chloroform - Eisessig (Carnoy), Osmiumsäuregemische (Champy, Flemming), Alkohol - Pikrinsäure - Formalin - Eisessig (Gendre), Kaliumdichromat - Sublimat - Formalin (Helly) und Kaliumdichromat - Sublimat-Eisessig (Zenker). Soweit sich die Tiere noch in ihren Hüllen befanden, sind letztere in zahlreichen Fällen vor der Fixation mechanisch beseitigt worden. Das gilt besonders für *Alytes*. Das von auswärts erhaltene Material lag meist in Bouin-, Alkohol- oder Formalinfixation vor; letzteres ist z. T. sekundär in Bouins Gemisch überführt worden.

Die Bestimmung des jeweiligen Entwicklungsstadiums der Tiere wurde in Anlehnung an die eigentlich *Rana dalmatina* betreffende Normentafel von Cambar und Marrot (1954) vorgenommen. Letztere ist unter den vorhandenen (Übersicht bei Meyer und Aurin, 1965) in dem in Betracht kommenden Bereich des Überganges vom Embryonal- zum Larvalzustand am geeignetsten, weil die Entwicklungsstufen sehr dicht gewählt sind. Die vorzügliche spezielle Entwicklungstafel für *Alytes* von Cambar und Martin (1959) wurde nicht verwendet, da sie wegen des besonderen Dotterreichtums dieser Art für die Masse der untersuchten Tierarten unbrauchbar war. *Generell gilt für die vorliegende Arbeit, daß mit Stadium 34 immer die Stufe bezeichnet ist, bei der die äußeren Kiemen soeben verschwunden sind.* [Für Gegenüberstellung mit anderen Stadieneinteilungen der Froschlurchentwicklung sei auf Nieuwkoop und Faber (1956) hingewiesen.] — Im übrigen ist zu allen entsprechenden Feststellungen stets ein Stereomikroskop SM XX (VEB Zeiss, Jena) benutzt worden.

Ein gleiches optisches Gerät diente auch der Gewinnung der hauptsächlichen mikroskopischen Untersuchungsobjekte, d. h. der Totalpräparate der Dorsalhaut von Kopf und Rumpf sowie der übrigen Bereiche. Dabei wurde nach der früher beschriebenen Methodik (Meyer und Aurin, 1965) gearbeitet. Wegen der besonderen Form der Embryonen waren allerdings z. T. erhebliche Modifikationen des für Larven geltenden Verfahrens notwendig. Völlig veränderte Schnittführungen erforderten alle Keime, die sich erst kurz nach der Neurulation befanden und noch annähernd sphärisch waren bzw. ein Ellipsoid darstellten (Zerlegung der ganzen Oberfläche in 2 zungenförmige Teilstücke, die sich senkrecht zueinander befinden, entsprechend dem Schnittmuster des Stoffüberzuges eines Tennisballes). Die Gesamtlänge der zu präparierenden, bouinfixierten, in 70%igem und später 96%igem Alkohol konservierten Objekte in der Schlüpfphase betrug zwischen 1,8 mm (*Pelobates*) bzw. 2,2 mm (*Hymenochirus*. Rumpflänge 1,3 mm) und 13,0 mm (*Alytes*, Rumpflänge bis 5,2 mm). Sofern der Melaningehalt störte, wurden die Präparate vor der Weiterbehandlung vorsichtig in hypochloriger · Säure gebleicht. Ergänzende Querschnittpräparate sind in erster Linie von *Alytes* angefertigt worden. Dazu wurde das Material in Paraffin, aber auch in Gelatine und Celloidin eingebettet. Außerdem sind gelegentlich Gefrierschnitte angefertigt worden.

An Färbungen wurden einfache und kombinierte durchgeführt[1]. In erster Hinsicht sind die sauren Farbstoffe Lichtgrün, Kongorot, Orange G und Säurefuchsin sowie die basischen Farbsubstanzen Gallocyanin, Kristallviolett und Safranin G benutzt worden. Von Doppel- und Mehrfachfärbungen wurden folgende ausgeführt: Eisenhämatoxylin (nach Weigert) bzw. Eisentrioxyhämatein (nach Hansen)-Bordeaux R, Hämatoxylin -(Hämalaun-)Eosin. Azan (nach Heidenhain), Massons Trichrommethode, deren Modifikation nach Goldner sowie Orange-Eosin-Toluidinblau (nach Dominici). Sehr bewährten sich infolge ihrer Schärfe auch Übersichtsfärbungen mit Hämatoxylin-Phloxin-Alcianblau-Orange G (= HPAO) nach Dane und Herman (1963) sowie die mit Hämalaun-Metanilgelb-Mucicarmin (nach Masson). — Zu Vitalfärbungsversuchen sind Neutralrot und Nilblausulfat in verschiedener Konzentration und Einwirkungszeit bei zerstreutem Tageslicht benutzt worden.

Histochemische Analysen wurden nach den Zusammenstellungen bei Kiszely und Pósalaky (1964), Lillie (1954) sowie Pearse (1961) vorgenommen. Besonders genannt sei nur die indirekte Methode zum Protease-Nachweis von Adams und Tuqan (1961).

Bei der mikroskopischen Bearbeitung sind apochromatische und planachromatische Objektive (vor allem die homogenen Ölimmersionen 60/1,40, 90/1,30 sowie 100/1,25) und Kompensationsoculare gebraucht worden. Messungen wurden mit Hilfe eines Ocularmikrometers bzw. Ocularschraubenmikrometers ausgeführt. Zur Photographie ist die mikrophotographische Einrichtung „MF" mit Belichtungsautomatik (VEB Zeiss, Jena) herangezogen worden. Sie war bestückt mit Apochromaten bzw. Planachromaten und „MF"-Projektiven K. Als Aufnahmegerät diente die Kleinbild-Spiegelreflex-Kamera Exakta-Varex (Ihagee, Dresden), als Photomaterial der Kleinbildfilm ORWO®NP 10.

III. Bemerkungen zum Laich und Schlüpfen von *Alytes*

Wegen der besonderen Fortpflanzungsverhältnisse genießt das Haupttier dieser Untersuchungen, die *Geburtshelferkröte*, seit langem beträchtliche Aufmerksamkeit. Wie sich bei den Vorarbeiten zur entsprechenden Materialgewinnung zeigte, lassen sich aber die in Betracht kommenden *biologischen Daten* durchaus noch ergänzen. Das soll nachstehend in gewissem Umfang geschehen.

Die im ganzen geringe Anzahl der recht großen, dotterreichen Eier, welche in der vom Männchen über mehrere Wochen getragenen perlkettenähnlichen Laichschnur enthalten sind, schwankt den Angaben nach in einer Breite von etwa 20 bis kaum über 200 (Angel, 1947). Seit Mertens (1947) werden als gewöhnliche obere Grenze häufiger Zahlen von 80—86 angeführt, von denen der letzte Wert im übrigen

1. Für technische Assistenz bei den Färbungen und histochemischen Reaktionen sei Fräulein Annemarie Burchardt und Frau Annemarie Ullrich, für einen Teil der präparatorischen Arbeit Frau Gerlinde John herzlichst gedankt.

erstmals von Héron-Royer (1878) genannt worden ist. Eigene Untersuchungen an 15 Gelegen vom Juni/Juli 1967 ergaben eine *durchschnittliche Eizahl* von 85, der niedrigste Wert betrug 38, der höchste 139. Der Literatur nach ist anzunehmen, daß die letztgenannte Zahl und jedenfalls 3 weitere, nämlich die über 100 liegenden (111, 112, 125), immer auf mindestens 2 weibliche Tiere zurückgehen. In 2 dieser Eipakete fanden sich auch beweisende Entwicklungsunterschiede. Die Schnur mit 112 Eiern enthielt dreimal Zwillingsbildungen. Berechnet auf das Gesamtmaterial waren 16% der Eier unbefruchtet bzw. früh abgestorben.

Infolge der Transparenz der Eikapsel ist die in unmittelbarem Kontakt stehende bzw. ihr naheliegende Oberfläche des großen Keimlings natürlich allseitig sichtbar. Beim schlüpfreifen Embryo, der im Vergleich zu den übrigen einheimischen Froschlurchen bekanntlich außerordentlich weit entwickelt ist (äußere Kiemen fehlen bereits) und dabei different pigmentiert erscheint, lassen sich gewisse Einzelheiten gut oder doch einigermaßen identifizieren, wenigstens wenn man eine Lupe zu Hilfe nimmt. Es handelt sich um die Augen, die äußeren Nasenöffnungen, die Region der Epiphysenendblase (Stirnorgan), welche als kleiner, weißlicher Stirnfleck imponiert (vgl. Winterhalter, 1931), und den bogenförmig nach vorn geschlagenen, dem Körper und Kopf dicht anliegenden bzw. eng angepreßten Schwanz mit seinen Flossensäumen. Unter Nutzung dieser sichtbaren Gegebenheiten hat schon Noble (1926) festgestellt, daß der Keimlingskopf stets nahe dem Abgang des einen der 2 eingetrockneten, dünnen, polständigen Gallertstränge liegt. Nach eigenen Beobachtungen überdeckt der gekrümmte Schwanz des schlüpfreifen Embryos niemals die Nasen-Augen-Region, wohl aber fast immer das Mundfeld (womit eine der alten Schlüpfvorstellungen sich auch so von selbst erledigt). Eine genaue Betrachtung der Schwanzlage bei 236 noch eingeschlossenen Tieren zeigte ferner, daß die mögliche Links- und Rechtskrümmung praktisch zu gleichen Teilen vorkommen (52,15% Linkskrümmung)[2]. Die Verhältnisse liegen also anders als sie Dürigen (1897) wiedergibt. Seine Bemerkung über die Lage der Schwanzspitze unter dem Auge ist überdies noch dahingehend zu verbessern, daß, genau genommen, die Höhe des Hornhauthinterrandes nach rückwärts gewöhnlich überschritten ist.

Unter Fortlassen aller Einzelheiten an den späten Eiern, wie ihrer Quellung nach Einbringen ins Wasser und der umschriebenen Vorwölbung über dem vorangehenden Kopfteil, sei anschließend nur der äußere *Ablauf des eigentlichen Schlüpfaktes* bei völlig gesunden Keimen kurz berührt. In dieser Hinsicht sind nämlich Nobles sonst zutreffende Angaben durchaus zu knapp, während die Äußerungen von Bergeot und Wintrebert (1926) z. T. modifiziert werden müssen und auch einiger Zusätze bedürfen.

Stereomikroskopischen Beobachtungen nach ist bei den ins Wasser gebrachten schlüpfreifen Eiern zwar eine zeitlich unregelmäßige gewisse muskuläre Aktivität der Keime festzustellen, sie führt aber nicht zu wirklichen Lageveränderungen. Einige Minuten vor dem Verlassen der Hülle herrscht völlige Bewegungsruhe. Dann muß auf der Höhe der Eiprominenz, d. h. im internaralen Kontaktbereich, ganz plötzlich eine winzige Wandöffnung entstehen, wie ein fontänenartiger Aus-

---

2. Die Schwanzkrümmung scheint sich übrigens während der gesamten Larvalzeit andeutungsweise erhalten zu können, wie Beobachtungen an ruhenden Tieren ergaben.

tritt periembryonaler Flüssigkeit bezeugt. Sofort schließt sich ein gewöhnlich nach beiden Seiten gerichteter, etwa quer zur Längsachse verlaufender, mäßig ausgedehnter Einriß der Außenhülle an, durch welchen das Tier im Bruchteil einer Sekunde herausschießt. Dabei wird eine Wegstrecke von mehreren Zentimetern zurückgelegt (und zugleich fliegt die leere Hülle ein Stück nach seitlich-rückwärts weg, sofern das Ei vorher von der Schnur durch 2, die beiden Zwischenfäden kappende Scherenschläge isoliert worden war). Antreibende undulierende bzw. vibrierende Schwanzbewegungen erfolgen allenfalls am Ende des Schlüpfaktes, es sei denn, die Lösung von der Eihülle verläuft nicht so glatt. Eine genauere Betrachtung der leeren Kapsel macht deutlich, daß die Schlüpföffnung in der Außenhülle meist einfach spaltförmig beschaffen ist und keine Nebenrisse aufweist, — die Bezeichnung „schnittförmig" von Schreiber (1912) entspricht also etwa diesem Befund. Gestaltlich komplizierter erscheint jedoch die zugehörige Veränderung eines inneren Anteils der Kapsel.

Im Grunde hat man hinsichtlich des optimalen schlagartigen Gesamtaustrittes des Tieres den Eindruck, daß vor allem 2 Kräfte — von allerdings sehr unterschiedlicher Wertigkeit — ineinandergreifen: die katapultierende Wirkung des zur Entspannung, d. h. zur larvalen Normalhaltung drängenden Schwanzes, und außerdem ein gewisser passiver Impuls, der auf die momentane Retraktion der gedehnten Kapsel nach ihrer Eröffnung zurückgeht. Der letztere Mechanismus, welcher auch von Bergeot und Wintrebert (1926) gewürdigt worden ist, wird bei dem Schlüpfverlauf stärker geschädigter Exemplare vordergründig. Wohl nichts zu tun hat das dann erfolgende durchaus langsame Herausgleiten mit der Tätigkeit epidermaler Flimmerzellen („Wimperkriechen"); denn regulär geschlüpfte Exemplare zeigen anschließend keine entsprechende Lokomotion, und außerdem waren derartige Elemente zu dieser Zeit mikroskopisch nur bei einzelnen Vertretern in beträchtlicher Zahl mit voller Wimperausstattung an der Bauchseite etc. nachzuweisen. — Selbst frisch abgestorbene Tiere können auf obiger Basis noch aus der Hülle gelangen, vorausgesetzt, daß die übrigen Vorbedingungen erfüllt sind, d. h., daß vor allem das Produkt des im Mittelpunkt dieser Arbeit stehenden drüsigen Organs wirksam werden konnte. Natürlich führt der bei geschädigten bzw. abgestorbenen Tieren oft erheblich gestörte Schlüpfvorgang häufig zu ganz abnormen Bildern, wie einer Verlegung der Kapselöffnung durch den vorangehenden Kopfteil, Steckenbleiben der halbgeschlüpften Larve etc.

Um Unterlagen über das Verhältnis zwischen Entwicklungszustand der Tiere und Termin der kürzesten Schlüpfzeit zu erhalten, wurden entsprechende Analysen angestellt, deren Ergebnis die Abb. 1 wiedergibt. Die gefundene geringste Zeitdauer liegt dabei im Rahmen der empirischen Feststellungen anderer Autoren.

Das Material entstammte 3 Männchen, welche laichbeladen im Freien gefangen und anschließend über 12 Tage im Labor unter besten Bedingungen bei allerdings relativ hoher Temperatur (zwischen 19,2 und 24,5° C) gehalten worden waren. Die den Gelegen vorsichtig einzeln mit steigender Entwicklungszeit entnommenen Eier wurden bei zerstreutem Tageslicht in entsprechend temperiertes Wasser gebracht und die Zeit bis zum Schlüpfen der Keime gemessen. — Zur Klarstellung des Kurvenverlaufes ist zu sagen, daß für die Berechnungen bei den jüngeren Tieren noch 8 außerhalb des Diagramms liegende Werte benutzt wurden und zudem angenommen worden ist, daß das Schlüpfen unmittelbar nach Abbruch der Beobachtungszeit erfolgte. Da das aber sehr unwahrscheinlich erscheint, verläuft der Anfangsteil der Kurve an sich gewiß noch steiler.

Dementsprechend wurde das Untersuchungsgut für die mikroskopischen Studien ausgewählt, d. h. zur Klärung der regulären Verhältnisse sind in „normaler" Zeit (15—25 min) geschlüpfte Embryonen benutzt worden. Bemerkenswert ist dabei lediglich noch, daß ihre Gesamtlänge die untere Grenze der bisherigen, zwischen 14 und 19 mm liegenden Größenangaben (z. B. Dürigen, 1897; Kammerer, 1906; Bergeot und Wintrebert, 1926) meist nur etwas überschritt.

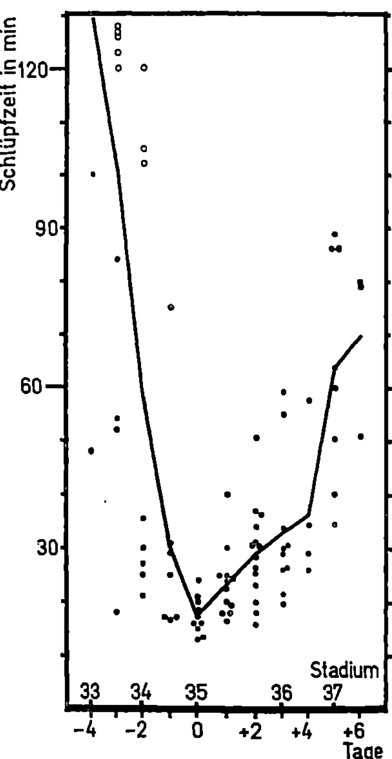

Abb. 1. Schlüpfzeitkurve von *Alytes obstetricans*. Ausgezogene Linie: arithmetische Mittel von 79 direkt gemessenen und 16 angenommenen Werten (abgebrochene Wartezeiten), von denen 8 über 130 min liegen. ● ● Gemessene Schlüpfzeiten; o o abgebrochene Wartezeiten. Milieutemperatur im Untersuchungszeitraum 23 ± 1,5° C. Entwicklungsstadien (Abszisse) in Anlehnung an die *Rana dalmatina*-Stufen von Cambar und Marrot (1954)

IV. Gröbere Schlüpfdrüsenbefunde

a) *Alytes*

Bereits bei Embryonen des Entwicklungsstadiums 28 ist die *Grundgestalt der Flächendrüse* vorhanden, wie aus gewöhnlich gefärbten Totalpräparaten der Kopfhaut ohne größere Mühe entnommen werden kann. Besonders fällt dabei die Bindung an den supra- und infraorbitalen Teil des Seitenliniensystems auf. Sehr früh lassen sich zudem schon gewisse Asymmetrien peripherer Bauteile des Organs feststellen.

In der *Schlüpfzeit* ist die *Drüse* häufiger auch am lebenden, hüllenlosen Tier bei starker Lupenvergrößerung sichtbar. Sie stellt sich allerdings nur in Form einer feinen, milchigen Trübung der Epidermis dar[3]. Weil dabei aber kein eigentlicher Eindruck von den wahren Verhältnissen zu gewinnen ist und die üblichen Fixationen (außer Formalin) die Sichtbarkeit vielfach vollständig aufheben, erklärt sich die Unterschiedlichkeit der Abbildungen von Fahrenholz (1925) sowie von Bergeot und Wintrebert (1926) ohne weiteres. Erwähnenswert ist in diesem Zusammenhang noch, daß Versuche, die Drüse evtl. durch basische Vitalfarbstoffe (Neutralrot, Nilblausulfat) herauszuheben, fehlgeschlagen sind, ein Ergebnis, welches mit den an anderem Material erhobenen Befunden von Bourdin (1926) und Wintrebert (1928) korrespondiert, wonach sich die Prosekretgranula der Schlüpfelemente nicht mit Neutralrot anfärben.

Besser zeichnet sich das Organ am isolierten Hautmantel des formalinfixierten Tieres ab, und zwar infolge stärkerer Lichtbrechung (Abb. 2). Volle Klarheit bringt aber, der Auffassung Nobles (1926) gemäß, erst die histologische Aufarbeitung. Die ausgesprochene Affinität der reifen Drüsenzellen (d. h. ihres Prosekretes) zu sauren Farbstoffen und ihre positive PAS-Reaktion sind der Grund dafür, daß sich jetzt selbst Details des Organs leicht erkennen lassen. Unter solchen Gegebenheiten ist die *Drüse in der Zeit ihrer vollen Ausbildung* (Stadium 32—37) anhand der Flächenpräparate von 15 Tieren eingehend analysiert worden, deren Ergebnisse nachstehend geschildert werden sollen.

Das Organ besitzt einen geschlossen erscheinenden *Hauptteil.* Dieser liegt im medianen Gesichtsbereich, und zwar in einem Areal, das den Raum zwischen den beiden Supraorbitallinien[4] samt einem schmalen, beiderseits lateral anschließenden Streifen umfaßt (Abb. 3). Das Feld beginnt knapp in halber Höhe zwischen den äußeren Nasenöffnungen und dem Oberlippenrand, es endet in Höhe des Vorderrandes der Hornhäute (gemeint sind die äußeren Hornhäute oder Brillen: Harms, 1923; Giesbrecht, 1925). Hinzu kommen kürzere und längere *Fortsätze* von z. T. flügelartiger Gestalt, die sich in 3 paarige und 2 unpaare gliedern. Letztere verlaufen in der Medianlinie und sind weniger markant. Von den paarigen Fortsätzen ziehen 2 oralwärts und einer, welcher zugleich stets der stärkste ist, caudalwärts. Dabei ist ihre jeweilige Bindung an die in Betracht kommenden *Sinneslinien* (Supra- und Infraorbitallinien) absolut eindeutig. Die den Supraorbitallinien angeschlossenen Flügel bzw. Ausläufer erscheinen zudem von ihren Enden her gespalten, indem — im Gegensatz zum Drüsenhauptfeld — die Zwischenräume der Seitenorgane (Sinneshügel, Neuromasten) drüsenzellfrei bleiben. Die Ausdehnung dieser, im ganzen gesehen streifenförmigen, leeren Zwischenteile ist individuellen, häufig seitenverschiedenen Schwankungen unterworfen. Das ist bei den auf der Abb. 3 wiedergegebenen durchschnittlichen Verhältnissen zu berücksichtigen.

---

3. Im allgemeinen ist es so, daß Larven, die von ihrer Hülle kurz vor dem eigentlichen Schlüpftermin künstlich befreit wurden, die Drüse deutlicher zeigen als solche nach dem natürlichen Schlüpfen. Hinzu kommen außerdem noch individuelle Schwankungen der Sichtbarkeit.

4. Bei der Benennung der Seitenlinien ist nachstehend — mit gewisser Abrundung — stets die prägnante, wenn auch ältere Nomenklatur von Escher (1925) benutzt worden.

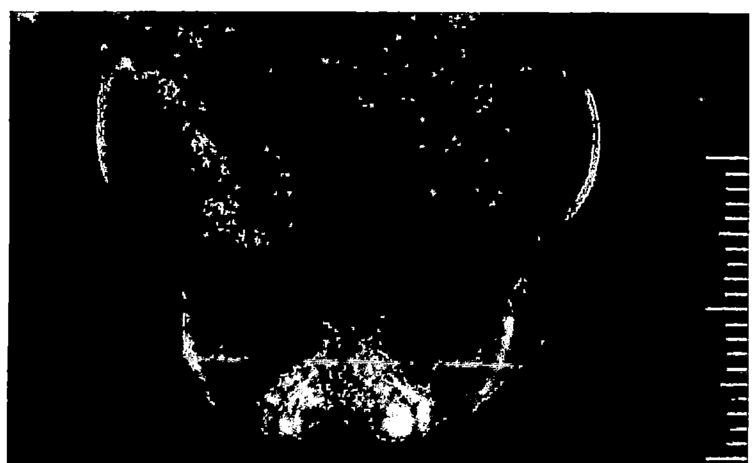

Abb. 2. Ungefärbtes Totalpräparat der isolierten Kopfoberhaut eines formalinfixierten *Alytes obstetricans*, 24 Std nach dem Schlüpfen (Stadium 38). Am hellsten erscheint — von den Hornhautreflexen abgesehen — die Schlüpfdrüse; dunkel heben sich in ihr die Organe der Supraorbitallinien ab. — Maßstablänge 2 mm. (Aufnahme unter Verwendung eines Tessar 1:2,8/50 mm sowie eines Ihagee-Vielzweckgerätes samt Balgennaheinstellgerät)

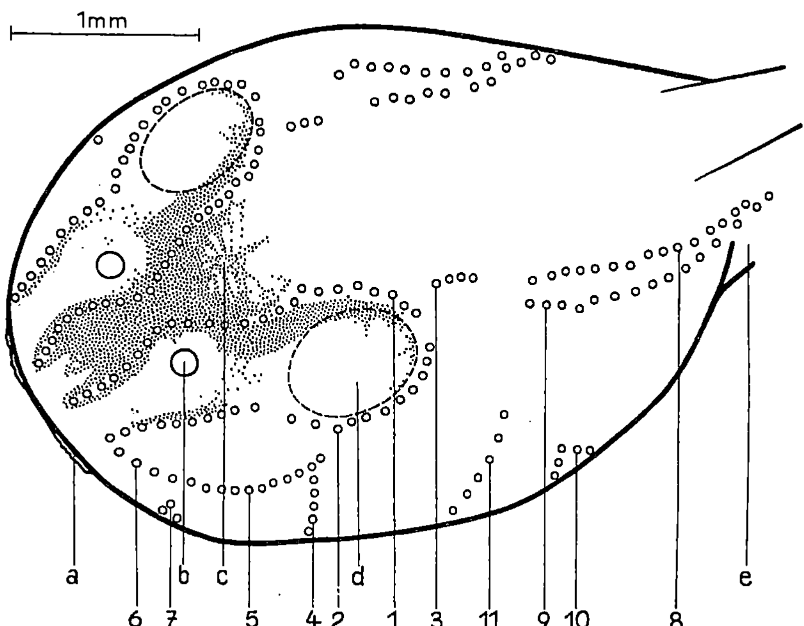

Abb. 3. Topographie der Schlüpfdrüse bei *Alytes obstetricans* zur Zeit ihrer vollen Ausbildung (Stadium 32—37). ■ Schlüpfdrüse; ooo Anteile des Seitenliniensystems (1—11). *a* Mundfeldsaum; *b* äußere Nasenöffnung; *c* Stirnfleck (Region der Epiphysenendblase); *d* äußere Hornhaut; *e* Schwanzbeginn. *1 Linea supraorbitalis; 2 L. infraorbitalis; 3 L. postorbitalis; 4 L. gularis; 5 L. jugularis; 6 L. angularis; 7 L. oralis; 8 L. superior = dorsomedialis; 9 L. media = dorsolateralis; 10 L. inferior = ventrolateralis; 11 L. transversa lateralis*

Wechselnd ausgeprägt sind auch die feinere Gestalt und die Ausdehnung der Drüsenfortsätze selbst, auffällig vor allem an dem stets besonders kräftigen rückwärtigen Zellzug, welcher ventral von der Supraorbitallinie verläuft. Er besetzt nicht nur den Bereich zwischen der genannten Sinneslinie und dem korrespondierenden Randabschnitt der Cornea, sondern dringt zunehmend in die Cornea selbst vor und schwingt zugleich unter laufender Verjüngung sichelförmig nach hinten-unten aus. Der dabei entlang der Hornhautgrenze schließlich gewonnene Anschluß an den Verlauf der Infraorbitallinie wird unterschiedlich weit nach vorne genutzt: das Ende kann schon am hinteren Rand der Hornhaut, es kann aber auch erst in der Nähe ihres Vorderrandes liegen. Daß die Infraorbitallinie den Drüsenzellen gleichsam als Leitstruktur dient, ist in ihrem oralen Abschnitt ganz deutlich, präsentiert sich aber gelegentlich auch im cornealen Teil in besonderer Weise. In diesen Fällen finden sich nicht nur wie üblich oberhalb, sondern auch unterhalb der Sinneslinie entsprechende Begleitelemente — dieser Sachverhalt wurde übrigens auch einmal bei einem Tier vor der Höhe der äußeren Nasenöffnung auf einer Seite beobachtet. Der Schilderung der cornealen Verhältnisse sei abschließend noch hinzugefügt, daß ganz vereinzelt selbst im zentralen Hornhautbereich eine oder einige wenige Drüsenzellen vorkommen können.

Wie gesagt, zeigen Ausdehnung und feinere Form der Drüsenausläufer eine gewisse Spielbreite. Im ganzen sind die sich daraus ergebenden Differenzen zu der Wiedergabe der Verhältnisse auf der Abb. 3 aber unwesentlich. Es braucht dementsprechend nicht weiter darauf eingegangen zu werden. Nur einige Besonderheiten seien noch kurz erwähnt.

Im Drüsenhauptteil werden vorhandene Seitenlinienorgane stets allseitig eng von Drüsenzellen umschlossen, d. h. letztere sind distal häufig nur durch einen einfachen bis doppelten Ring gewöhnlicher Außenzellen vom Seitenorganrand getrennt. Erst dann, wenn 2 Sinnesorgane noch unmittelbaren Kontakt miteinander haben, fehlen Drüsenelemente zwischen ihnen. Für den Wurzelbereich der Drüsenfortsätze gilt, daß in den dortigen Organzwischenräumen zunächst auch noch mehr oder weniger dicht gepackte Drüsenzellen angetroffen werden können. Gelegentlich zeigen sie sich an entsprechenden Orten sogar noch weiter peripher.

Innerhalb der beiden unpaaren medianen Drüsenausläufer fällt der vielfach spärliche und stellenweise sogar ganz unterbrochene Zellbesatz auf. Der caudale Fortsatz imponiert dazu durch die konstante rundliche Aussparung der Region der Epiphysenendblase. Damit ist jedoch nicht ausgeschlossen, daß in ihr, und zwar vor allem randnahe, trotzdem gelegentlich einige Drüsenzellen eingestreut sein können.

Auf disseminierte Drüsenzellen stößt man regelmäßig in der Umgebung beider äußerer Nasenöffnungen. Diese Elemente gehören an sich zu den Zellzügen an der Supra- und Infraorbitallinie sowie zu dem gewöhnlich stark aufgelockerten postnaralen Zellverband, der die beiden eben genannten Anteile miteinander verbindet. Vereinzelt können solche Zellen außerordentlich nahe (d. h. maximal bis auf 4 Deckzellbreiten) an den Ringwulst der äußeren Nasenöffnung herankommen.

Von den Veränderungen der Flächendrüse bei ihrer Rückbildung, welche bereits im Stadium 36 beginnt und im Stadium 40 endet, sei summarisch hervorgehoben, daß verständlicherweise ihre Hauptpartien, d. h. das zellreiche Zentralfeld mit den die Supraorbitallinien caudal- und oralwärts begleitenden paarigen Flügeln bzw. Fortsätzen, am längsten unverkennbare Reste aufweisen.

b) Die übrigen einheimischen Anuren

Die soeben geschilderte Topographie der *Schlüpfdrüse* bei *Alytes* ist in doppelter Hinsicht bemerkenswert: einmal in bezug auf die *ausschließliche Lokalisation und zugleich sehr starke Ausdehnung des Organs im mittleren Gesichtsbereich* sowie zum anderen wegen der *Beziehung zum lokalen Seitenliniensystem.*

Wie die eigenen breiten Untersuchungen bezeugen und z. T. auch aus der Literatur hervorgeht, gibt es unter den 12 sonstigen hiesigen *Froschlurchen* kein Tier, das auch nur entfernte Parallelen bietet. Bei allen zeigt die Drüse allerdings im Gesicht eine Betonung oder sogar besondere Ausprägung, und in der Rückbildungszeit halten sich ihre Reste hier am längsten. Im übrigen erstreckt sie sich aber immer als ein schmaler, nach vorne zu (Ausnahmen: *Rana arvalis* und *R. temporaria*) allmählich breiter werdender *Streifen in der dorsalen Mittellinie des Rumpfes* (Abb. 4a und b), welcher im Querschnitt in seinem kräftigen Teil aus mehreren nebeneinanderliegenden Zellen zusammengesetzt ist. Der hintere Abschnitt, der schließlich nur aus einer einzigen lückenhaften Zellreihe besteht, endet an der Dorsalkante des Flossensaumes im Schwanzwurzelbereich, wobei die *Rana*-Arten hinsichtlich der caudalen Ausdehnung wohl das Extrem darstellen, während bei beiden *Bombina*-Arten nur die Höhe des Anfangsteiles des Rumpfseitenliniensystems erreicht wird. Das Vorderende der Drüse sitzt gewöhnlich in Höhe der Nasengruben bzw. später der äußeren Nasenöffnungen. Das Hautwachstum bedingt im übrigen, daß nach dem Zeitpunkt des Schlüpfens noch eine gewisse Verschiebung der alten Vordergrenze rostralwärts zu erfolgen pflegt. Geringe bis stärkere Unterbrechungen des Drüsenstreifens, die für den caudalen Bereich bereits erwähnt wurden und in der Regressionsphase allgemeiner auffallen, können auch ein obligates Attribut des rostralen Teiles sein (bei *Rana arvalis* und *R. temporaria*, welche hier regelmäßig einen geringen Zellbesatz zeigen). Im Gebiet der Epiphysenendblase ist zudem generell eine deutliche Drüsenzellaussparung vorhanden.

Zu der *Modifikation des Drüsenzellbandes im vorderen Abschnitt* ist ferner zu sagen, daß das Bild von einer im ganzen nur geringen Verbreiterung (die 3 *Bufoninen*, beide *Bombina*-Arten) bis zu einer, z. T. höchst prägnanten, im Flächenpräparat ankerförmigen Figur (*Hyla arborea*, sämtliche *Raninen*) reicht. Der Ankerfigur kann eine Y-artige Gestalt vorausgehen (beide *Grünfrosch*-Arten). Eine solche liegt primär auch bei *Pelobates fuscus* vor, wandelt sich im Anschluß an die Schlüpfzeit aber in ein relativ großes, gleichschenkliges Dreieck. Es hat seine Spitze etwa in der Höhe des Nasalrandes der Augenhügel bzw. Hornhäute, während seine basalen Winkel auf den hinteren Umfang der Nasengruben bzw. -öffnungen orientiert sind. Dabei hat eine Anzahl von Drüsenzellen jederseits die in Bildung begriffene Supraorbitallinie nach lateral überschritten.

Rostrale dreieckige Verbreiterungen des Drüsenzellzuges kommen auch sonst vor, halten sich dabei aber seitlich in der Regel an die Grenzen der genannten Sinneslinie. Dafür gehen von den basalen Dreiecksecken unter Umständen lineare bis streifenförmige Fortsätze aus, welche nach Überquerung der Supra-

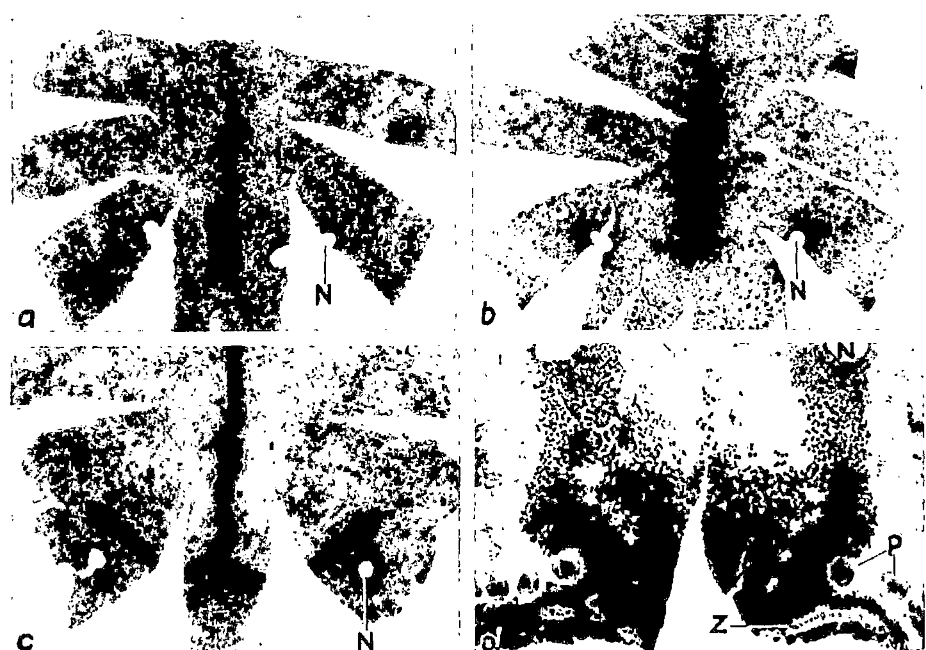

Abb. 4a—d. Schlüpfdrüsenvorderteil bei a *Bombina bombina* (Stadium 30), b *Hyla arborea* (Stadium 30) und c *Crinia signifera* (etwa Stadium 29). d Sehr wahrscheinlich auf die Schlüpfdrüse zurückzuführende intraepidermale, pränarale Flächendrüse von *Hyla brunnea* (Stadium 41). — Die vielfach kompakt liegenden Drüsenelemente imponieren in der Reproduktion jeweils durch besondere Schwärzung; vor allem bei b stellen sich auch die verstreut liegenden Flimmerzellen stärker dar. — Aufsichtsbilder von Totalpräparaten des Vorderteils der dorsalen Epidermis (die keilförmigen Aussparungen resultieren aus Einschnitten, die für die Ebnung des Materials notwendig waren). *N* äußere Nasenöffnung; *P* Papillen des Mundfeldrandes; *Z* Zähnchenreihe der Oberlippe. — Bouins Fixierungsgemisch. a Eisentrioxyhämatein-Bordeaux R; b—d PAS-Reaktion. Planachromat 6,3/0,16, MF-Projektiv K 2,5:1, bei b—d Zeiss-Lichtfilter VG 4/2. Negativvergr. 15,75fach, Positivvergr. 31,5fach

orbitallinien, wie bei *Pelobates fuscus*, in der Nähe der Nares — und zwar gewöhnlich etwas hinter denselben — enden (*Hyla arborea*: Abb. 4b). Zusätzlich kann noch eine corneawärtige Richtung angedeutet sein (beide *Grünfrosch*-Arten). Bei *Rana dalmatina* wird der gesamte Drüsenaspekt von solchen Gegebenheiten beherrscht: vom dreieckigen Vorderende des mittelständigen Zellstreifens schwenkt jederseits ein längerer und zugleich sehr stark zellbesetzter Flügel nach seitlich-rückwärts ab, der wiederum die in Entwicklung stehende Supraorbitallinie seines Bereiches kreuzt, ohne engere Beziehungen zu ihr aufzunehmen. Dieses Drüsenbild, welches im wesentlichen übrigens allen 3 *Braunfrosch*-Arten gemeinsam ist, präsentiert sich bei Projektion der ventraler liegenden vorderen Organteile in die Hauptebene des Dorsomedianstreifens in der *Form eines zweiarmigen Ankers* (an sich so auch bereits bei *Hyla arborea* und den beiden *Grünfrosch*-Arten). Der Schaft des Ankers liegt in der dorsalen Mittellinie, sein Kreuz zwischen den Nasengruben bzw. -öffnungen, und seine Arme sind auf das nasale Gebiet der späteren Hornhäute gerichtet. In letzterer Hinsicht dokumentieren sich darüber

hinaus recht klare Artdifferenzen, indem die Schlüpfdrüsenzellen in unterschiedlicher Höhe den Nasalrand der Hornhaut erreichen bzw. sogar überschreiten: für
Rana dalmatina pflegt im wesentlichen der mittlere Teil des Vorderumfanges
zuständig zu sein, für *R. arvalis* ist es der obere-vordere Quadrant, für *R. temporaria* der untere-vordere. Bei *Rana arvalis* und *R. temporaria* erscheint zugleich
das rostrale Schaftstück den sehr massiven, langen Armen gegenüber völlig unbe-
deutend. Für *Rana temporaria* ist noch bemerkenswert, daß die Drüsenzellen
seitlich häufig direkt bis an die *Linea infraorbitalis* heranreichen und sie in seltenen
Fällen sogar ein wenig überschreiten. Wenn die Elemente dann in späterer Zeit
unter Umständen auch noch rostralwärts im Raum zwischen dem lateralen
Nasenöffnungsumfang und der genannten Seitenlinie angetroffen werden, ist
die Figur des Ankerarmes besonders vollständig, weil sie jetzt gleichsam auch
einen Handteil besitzt. Derartiges läßt sich, wenigstens angedeutet, gelegentlich
auch bei den beiden anderen *Braunfrosch*-Arten beobachten, vor allem bei *Rana
dalmatina.*

Kurz eingegangen sei schließlich noch auf die Frage, inwieweit die durch
mikroskopische Untersuchungen gewonnenen Feststellungen bereits von den lebenden Tieren gezeigt werden. Dazu ist zu sagen, daß bei Benutzung einer Lupe etc.
unter guter Beleuchtung die grobe Gestalt der Drüse in der Schlüpfperiode und
eine gewisse (z. T. nur kurze) Zeit danach immer mehr oder weniger zu erkennen
ist. Dabei spielt der besondere *Melaninreichtum* die wesentliche Rolle. Am besten
stellt sich das Organ farblich naturgemäß dort dar, wo das Schwarzpigment
sonst zurücktritt (beide *Unken-* und *Grünfrosch*-Arten sowie der *Laubfrosch*).

Besonders Eindrucksvolles bot ein hinsichtlich der Melaninentwicklung defektes *Erd-
kröten*-Material, das einer 1957 zufällig in einem Rostocker Teich entdeckten Laichschnur mit
„pigmentfreien" Eiern entstammte. Abwegig war hierbei vor allem offenbar der Gehalt an
primärem Eipigment bzw. dessen Ausreifungstempo. Die Drüse erschien bei gerade geschlüpften Embryonen infolge feiner Melaninbestäubung ihrer Zellen in dem sonst völlig hellen Tier-
äußeren elektiv braun. In der spätembryonalen und frühlarvalen Zeit waren die Verhältnisse
demgegenüber umgekehrt: das Drüsengebiet imponierte als hellere Aussparung in der jetzt
durch epidermale Melanophoren, den Pigmentgehalt der Epithelzellen etc. an sich dunklen
Rückenhaut.

Doch finden sich selbst bei an sich dunklen Tieren (*Kröten-* und *Braunfrosch*-
Arten) eindeutige entsprechende Hinweise. Mit am auffälligsten ist in dieser Hinsicht der *Grasfrosch*, indem die Stärke der quer im Gesicht verlaufenden Drüsenarme, ihr dunkler (brauner) Farbton sowie eine ausgesprochene Prominenz nach
außen zusammenwirken.

Bemerkenswert ist im ganzen dazu noch, daß der Farbkontrast zwischen
Drüsenbereich und Umgebung in der Schlüpfzeit ganz unabhängig von den
Helligkeitsverhältnissen im Biotop der Tiere ist. Das geht aus orientierenden
Untersuchungen an Embryonen von *Rana temporaria, R. arvalis, R. ridibunda,
Bufo bufo* und *Pelobates fuscus* hervor, die bei Tageslichtwechsel bzw. konstanter
Dunkelheit gehalten und zu verschiedenen Zeiten beobachtet wurden. Den Tieren
fehlt in dieser Entwicklungsphase offenbar noch jede Möglichkeit des Farb-
wechsels. Für *Rana temporaria* fand Bogenschütz (1965), daß erstmals im Sta-
dium 17 [nach Kopsch (1952), welches den Stadien 30—33 von Cambar und
Marrot (1954) entspricht] eine Pigmentballung in den subcutanen Melanophoren
bei Dunkelheit festzustellen ist. Erst von diesem Zeitpunkt an kann demnach

unter entsprechenden Verhältnissen mit einer gewissen zusätzlichen Betonung der Drüsenzeichnung infolge der nun größeren Grundhelligkeit gerechnet werden. In einigem Umfang ließ sich das bei dem genannten Tier auch wirklich feststellen.

Nicht übergangen werden soll, daß die Bouin-Fixation für die Verdeutlichung der Drüse sehr geeignet ist. Schon unmittelbar nach Einbringen der Tiere in das Gemisch erfährt ihr Bereich auf Grund seines Melaningehaltes eine besondere Betonung gegenüber der heller und dabei getrübt erscheinenden Umgebung. Im übrigen kann die PAS-Reaktion zur Drüsendarstellung bei pigmentärmerem Material vorzügliche Dienste leisten (Abb. 4b—d), da an der Dorsalseite der Embryonen ihre Zellen vielfach am stärksten positiv reagieren.

c) Fremdländische Anuren

Außer den einheimischen sind noch 27 fremdländische Froschlurch-Arten entsprechend mikroskopisch analysiert worden, und zwar jeweils wieder mit meist mehreren Individuen. Dabei fand sich auch Material, das echte Anknüpfungspunkte an die Befunde bei *Alytes* bietet. Vorher sollen aber wenigstens kurz die übrigen Feststellungen aufgeführt werden, welche in der Regel auf Embryonen, die vor kürzerer Zeit geschlüpft waren, basieren.

Im ganzen entsprechen die Ergebnisse durchaus den bisherigen, d. h. die *Schlüpfdrüse* ist gewöhnlich im wesentlichen längs der Dorsomedianlinie des Körpers lokalisiert, wobei ihr Schwerpunkt im Vorderende liegt. In letzterer Hinsicht weicht nur *Discoglossus pictus* ab, indem der stark pigmentierte Drüsenstreifen caudal von der Höhe des Hinterrandes der sich bildenden Hornhäute eigentlich stets breiter als davor ist.

Eine einfache *linienförmige Längsordnung* zeigen die Drüsenzellen außer bei dem eben genannten Tier noch bei *Pelodytes punctatus* und bei allen untersuchten *Bufoninen*, nämlich *Bufo angusticeps*, *B. carens*, *B. fowleri*, *B. melanostictus* und *B. terrestris charlesmithi*. Diesem einfachen Drüsentyp schließt sich ein zweiter an, der im Gesichtsbereich zusätzlich besonders gestaltet ist, indem die spezifischen Zellelemente sich hier auf eine größere geschlossene Fläche verteilen (*Limnodynastes tasmaniensis*: interoculo-naraler Raum) oder eine Drüsenfigur bilden, welche bei Projektion in die Ebene des dorsomedianen Längsstreifens wiederum einem *zweiarmigen Anker* ähnlich sieht. Regelmäßig sitzt das Ankerkreuz hierbei internaral, und stets verlaufen die Arme medial von den äußeren Nasenöffnungen. Beträchtlich different können aber die Größe des Kreuzes sowie die Breite und Gesamtausdehnung des anschließenden Schaftteiles und vor allem auch die Stärke und Länge der Arme sein. Auf die zuletzt genannte Besonderheit sei hier in erster Linie eingegangen.

Kurze Arme wurden am häufigsten angetroffen, und zwar bei *Hyla aurea*, *Phrynobatrachus natalensis*, *Rana (Pyxicephalus) adspersa*, *R. areolata circulosa*, *R. (Pyxicephalus) delalandii*, *R. pipiens* und *R. sylvatica*. Sie enden in der Nähe des medio-caudalen bzw. hinteren Umfanges der äußeren Nasenöffnungen bzw. Nasengruben. Bei Arten mit *längeren Armen* sind deren periphere Anteile gewöhnlich caudal gerichtet (*Crinia georgiana*, *C. signifera*: Abb. 4c, *Hyperolius melanoleucus* und *Rana angolensis*), wobei der Vorderrand der in Bildung begriffenen Hornhäute ein wenig überschritten werden kann (*Crinia georgiana*, *Rana angolensis)*. Die Armenden können aber auch, dem eigentlichen Ankerbild widersprechend, oral orientiert sein, indem sie von rückwärts her mehr oder weniger weit die Nasengruben lateral umgreifen. Das ist bei *Xenopus laevis* so und kann sich bei *Hymenochirus boettgeri* eben andeuten. Beide Tiere fallen außerdem noch durch die Kürze des Schaftteiles ihrer Schlüpfdrüse auf, indem oft nicht einmal die Höhe des Beginns des dorsalen Rumpfseitenliniensystems erreicht wird. Hinsichtlich der Armstärke seien lediglich 2 Vertreter der gegensätzlichen Extreme aufgeführt: *Crinia georgiana* im positiven und *Rana pipiens* im negativen Sinn. Erwähnt werden soll weiterhin noch, daß bei *Hyperolius melanoleucus* die Drüsenfigur im ganzen dürftig ist und andererseits *Rana angolensis* ein besonders betontes Kreuz besitzt. Im übrigen kann sich die Figur der Drüse lange nach deren eigentlichem Verschwinden vorne immer noch ein wenig andeuten, wie aus entsprechenden Hautpräparaten, vor allem bei Altlarven von *Crinia georgiana*, zu entnehmen ist. Liegengebliebene, offenbar cellulär gebundene Pigmentreste, die eigentlich nur aus dem meist großen ehemaligen Bestand der Drüsenzellen stammen können, sind die Ursache dafür.

Besondere Beziehungen zu den Verhältnissen bei *Alytes* zeigten sich bei einigen anderen fremdländischen Arten. In dieser Hinsicht sei zunächst die bemerkenswerte lagemäßige *Kombination mit Teilen des Seitenliniensystems* genannt. Hier runden die 3 zur Verfügung gewesenen Vertreter der Gattung *Rhacophorus (Polypedates)* das Bild in klarer Weise ab. Nach steigender Verbindung mit dem Lateralissystem geordnet, ergibt sich folgende Reihe: *Rhacophorus s. schlegelii — R. schlegelii arborea — R. maculatus*. Mit den beiden erstgenannten Tieren hat sich im Anschluß an Saguchi (1915: *sp.*?) bereits Yanai (1953) hinsichtlich der Struktur und Entwicklung der Schlüpfdrüse auseinandergesetzt, ohne aber den hier im Vordergrund stehenden Aspekt zu berühren.

Rhacophorus s. schlegelii, von dem insgesamt 6 Exemplare der Entwicklungsstadien 32—34 analysiert wurden, zeigt im Prinzip eine Ordnung seiner Schlüpfdrüsenzellen, welche stark an die Feststellungen erinnert, wie sie für die Masse der untersuchten *Anuren*-Arten getroffen wurden.

Der bis in die Schwanzwurzel reichende dorsale Mittelstreifen, welcher beim vorliegenden Untersuchungsgut allerdings sehr lückenhaft ist (möglicherweise auf der Basis besonders rascher Rückbildung), zeigt vorne wieder eine auffällige Zellmassierung. Die zugehörigen großen Einzelelemente liegen ausgesprochen locker und verlieren sich vom medianen internaralen Areal aus jederseits in den Raum zwischen äußerer Nasenöffnung und Hornhautvordergrenze. Im Anschluß an das Drüsenhauptfeld werden die Supraorbitallinien oral und caudalwärts im allgemeinen eine gewisse Strecke weit beidseitig in sehr offener Form begleitet. Nach rückwärts zu wird dabei die Höhe der Hornhautmitte nur selten überschritten. Im übrigen sind beträchtliche Asymmetrien der Zellzüge sehr häufig. In der Cornea selbst kommt höchstens in ihrem vorderen oberen Quadranten einmal eine einzelne Drüsenzelle vor.

Die mit 4 Individuen des Entwicklungsstadiums 30 untersuchte Subspecies *R. schlegelii arborea* besitzt eine Schlüpfdrüse, deren Struktur mit der des eben behandelten Tieres naturgemäß durchaus verwandt ist. Zugleich sind aber die Verbreitung sowie die Zahl der zugehörigen Zellen beträchlich größer (Yanai, 1953). Die vorliegende Analyse ergänzt diese Feststellung in besonderer Weise:

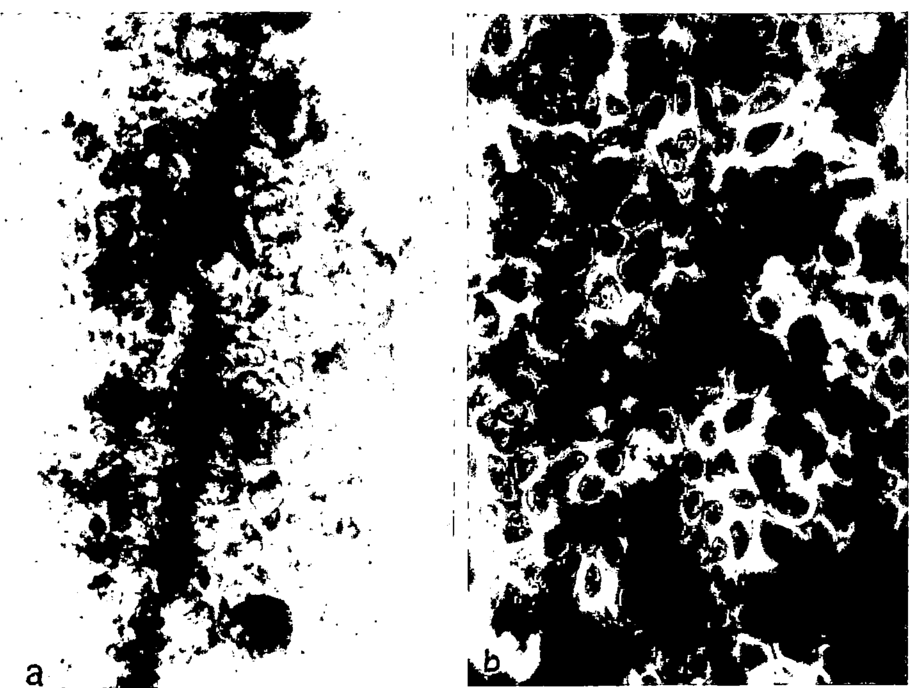

Abb. 5a u. b. Seitenlinienbegleitung von Schlüpfdrüsenzellen bei a *Rhacophorus schlegelii arborea* (Stadium 32) und b *Rhacophorus maculatus* (Stadium 35). a 5 dunkel erscheinende Drüsenzellen an der *Linea superior* (Nerv durchschimmernd); b mehrere große Drüsenzellen am Anfang der *Linea infraorbitalis* (Sinneshügel in 2 parallelen Reihen zu je 3 längs durch das Bild ziehend). — Aufsichtsbilder aus Totalpräparaten der Epidermis. — Bouins Fixierungs-gemisch. a PAS-Reaktion, Eisentrioxyhämatein. Apochromat 40/0,95, MF-Projektiv K 3,2:1, Zeiss-Lichtfilter VG 4/2. Negativvergr. 128fach, Positivvergr. 410fach. b Eisentrioxy-hämatein-Bordeaux R. Apochromat HI 60/1,0, MF-Projektiv K 2,5:1, Zeiss-Lichtfilter VG 9/4. Negativvergr. 150fach, Positivvergr. 480fach

offenbar steht die Verteilung der Elemente nicht nur in auffälliger Beziehung zur dorsalen Medianlinie, sondern in beachtlichem Maße außerdem auch zum Seiten-liniensystem.

Bei erheblichen Schwankungen im einzelnen zeigen die Drüsenzellen nämlich über kürzere oder längere Abschnitte hin immer wieder einen Anschluß an die Supra- und Infraorbitallinie sowie die obere (dorsomediale) Rumpfseitenlinie (Abb. 5a). Auch im Bereich des postorbitalen Systemteiles können einzelne Drüsenzellen angetroffen werden. An der zuvor genannten Rumpfseitenlinie ist eine klare Korrespondenz unter Umständen bis in die Nähe ihres Endes im Schwanz vorhanden. Fehldeutungen als Folge der allgemeineren stärkeren Ver-sprengung der Elemente des dorsomedianen Zellzuges und seines erheblich be-tonten Vorderendes, welches das obere Corneadrittel einschließt, kommen nicht in Betracht. Eine vielfach völlig isolierte Begleitung aller genannten Sinneslinien, die gleichzeitig oberhalb und unterhalb derselben bestehen kann, belegt das.

Die *ausgeprägteste topographische Beziehung der Schlüpfdrüsenzellen zum Seiten-liniensystem* besteht bei *Rhacophorus maculatus*, wie die Untersuchung von insgesamt 7 Exemplaren der Stadien 24—38 ergab. Hier beherrscht der enge Konnex zwischen den Elementen und fast allen Seitenlinien das Bild vollständig, indem durch doppelte oder einreihige Begleitung deren Verlauf, jedenfalls streckenweise, sehr getreu widergespiegelt wird (Abb. 5b). Demgegenüber tritt der dorsomediane Zellzug völlig zurück. Er kann allenfalls noch in dem internaral und etwas oralwärts davon gelegenen Schwerpunkt der Drüse sowie in einigen wenigen, weiter rückwärts verstreuten Einzelelementen vermutet werden.

Am Kopf pflegen alle Seitenlinien — wenigstens teilweise — von den großen oxyphilen Drüsenzellen locker eingerahmt oder einseitig begleitet zu sein. Vom dortigen hyomandibularen System ist nur die Gularlinie stets spärlich bedacht. Dagegen besitzt die Orallinie, welche von lateral her den hinteren Umfang des seitengleichen Haftorganes mehr oder weniger umgreift, gewöhnlich ein beachtliches Geleit von Drüsenzellen. Gelegentlich am Unterlippenrand vorkommende Einzelelemente dürften hier hinzuzurechnen sein. Von den großen Rumpfseitenlinien wurden lediglich bei der unteren (ventrolateralen) die Drüsenzellen stets vermißt; der oberen (dorsomedialen) folgen sie dagegen oft in ganzer Länge, also auch in ihrem Schwanzteil. Die wesentlich längere, d. h. bis zum Schwanzende reichende, mittlere (dorsolaterale) Rumpfseitenlinie zeigt Entsprechendes nur an ihrem Anfangsstück. — Im übrigen besaßen 2 weitere mikroskopisch bearbeitete Tiere, welche dem Entwicklungsstadium 40 angehörten, keinerlei Schlüpfdrüsenanteile bzw. sichere Reste derselben mehr (was bei *R. schlegelii arborea* für ein zur Verfügung gewesenes Exemplar des Stadiums 39 festzustellen war).

Anzuschließen sind hier die Beobachtungen an 2 Arten der südafrikanischen Gattung *Arthroleptella*, nämlich *A. lightfooti* (10 Tiere der Stadien 21—49) und *A. bicolor* (7 Tiere der Stadien 20—49); denn es bestehen wieder unverkennbare räumliche Beziehungen zwischen Drüsenanteilen und dem bei der rein terrestrischen Larvenentwicklung zwar reduzierten, im Grunde aber doch vorhandenen (de Villiers, 1929) Seitenliniensystem. Nach den an *A. lightfooti* getroffenen Feststellungen von Rose (1926, 1950) sowie Power und Rose (1929) schlüpfen die für ein Leben im Wasser untauglichen Tiere erst, wenn die Hinterbeine bereits vorhanden sind. Da die Entwicklung im ganzen sehr rasch (in 7—10 Tagen) abläuft, erscheint es verständlich, daß die Drüse über lange Zeit, d. h. von der Embryonalperiode bis jedenfalls in den Metamorphosebeginn hinein, nachzuweisen ist. Im übrigen läßt der ungewöhnliche Luftaufenthalt der Eier (Ablage an feuchtem Moos) in gewissem Umfang an die Verhältnisse bei *Alytes* denken.

Tatsächlich bieten auch die *Arthroleptellen* eine sehr imposante, *zellreiche Drüse*, welche die des eben genannten Tieres ausdehnungsmäßig sogar noch beträchtlich übertrifft. Der Schwerpunkt des Organs liegt wieder vorne, und zwar circumcorneal, -naral und -oral.

Dabei reichen die weitgehend in breiter Bandform geordneten, zahlreichen, PAS-positiven Zellelemente, welche vor allem dem Verlauf der Supra- und Infraorbitallinien folgen, z. T. bis in die Hornhäute hinein und sitzen verstreut sogar in unmittelbarer Nähe der äußeren Nasenöffnungen. In der Mundumgebung ist die obere Region wesentlich stärker beteiligt als die untere, wobei in letzterer wieder eine gewisse Gemeinsamkeit der Lage mit Seitenlinienorganen bestehen kann. Supraoral resultiert ein mehr oder weniger geschlossenes Drüsenfeld, das sich bis in die Internaralgegend erstreckt. Für den Rumpf und Schwanzbeginn gilt, daß entsprechende Zellen hier in sehr lockerer Verteilung die Dorsalseite besetzen. Dabei erscheint die nähere und weitere Umgebung der jederseits nur in Einzahl vorhandenen, caudalwärts ziehenden Rumpfseitenlinie mehr oder weniger deutlich bevorzugt.

Neben der Beziehung der Schlüpfdrüse von *Alytes* zum örtlichen Seitenliniensystem ist die *kompakte Form* ihres Hauptteiles die zweite hervortretende Eigentümlichkeit. Auch dieses Moment ließ sich über die Verhältnisse bei den *Arthroleptellen* hinaus unter dem Vergleichsmaterial noch in besonderer Weise veranschaulichen, und zwar bei der in Jamaika beheimateten *Hyla brunnea.* Allerdings fehlten für die Analysen Schlüpfstadien des Tieres. Es ist jedoch durchaus wahrscheinlich, daß das bei 10 Exemplaren der Stadien 41—49, d.h. bis in die Metamorphose hinein, am Vorderkopf beobachtete intraepidermale Sonderorgan auf die Schlüpfdrüse zurückgeht. Die ungewöhnliche Ernährungsbiologie dieser in kleinen Wasseransammlungen von Bromeliazeen-Blättern lebenden Larven begründet eine solche Annahme (im übrigen fand sich keine Spur einer evtl. vorher dagewesenen entsprechenden Drüse bei den untersuchten jüngsten Tieren). Die Nahrung besteht nämlich vielfach aus Eiern der eigenen oder verwandten Arten (Dunn, 1926; Noble, 1929, 1931). Der Schluß liegt demnach nahe, daß die ursprüngliche Schlüpfdrüse in der Folgezeit dazu dient, die Hülle von Beuteeiern zu öffnen. Einen längeren Ausbau des Organs beweisen zudem die nicht selten angetroffenen Mitosen der spezifischen Elemente.

Das Organ sitzt rostral von den äußeren Nasenöffnungen, wobei die zugehörigen zahlreichen, stark PAS-positiven, aber offenbar nur gering oxyphilen, pigmentlosen Zellen (Konservierung in Glykoläthyläther!) geradezu aus jenen herausgeflossen zu sein scheinen (Abb. 4d).

Sie beginnen an deren unterem sowie medialen Rand und ziehen in 2, sich supralabial vereinigenden Strömen oralwärts. Dabei wird der Vorderabschnitt der Infraorbitallinien nicht tangiert, dagegen sind die Seitenlinienorgane der korrespondierenden Supraorbitallinien-Anteile z. T. völlig eingeschlossen. Oberhalb des Zusammenflusses der großen Zellzüge kann die Drüse einen schwachen mittelständigen Ausläufer besitzen, welcher allenfalls bis in die Höhe der äußeren Nasenöffnungen reicht. Unterhalb der Vereinigung enden die seitlichen Drüsengrenzen jederseits an einer größeren Papille, welche den Rand einer medianen Unterbrechung des Mundfeldsaumes markiert. Durch letztere hindurch verbreiten sich die Drüsenzellen auch im anschließenden Oberlippenbereich, wobei, grob gesehen, außer dem Papillensaum nur die in Einzahl vorhandene Zähnchenreihe frei bleibt und die Grenze der Elemente etwas über dem oberen Hornkiefer liegt. Hier an der Oberlippe und direkt oberhalb des Mundfeldes ist die Massierung der Zellen am stärksten. Im übrigen finden sich sonst nirgends Drüsenanteile in der Haut, auch nicht an der Unterlippe sowie deren Umgebung.

V. Histo- und cytologische Untersuchungsergebnisse

a) *Alytes*

Bereits bei den ersten, in Form von Flächenpräparaten untersuchten Entwicklungsstadien, nämlich 25—27, finden sich innerhalb der Epidermis[5] im

---

5. Allgemeine Daten über die Oberhaut embryonaler bzw. larvaler *Froschlurche* s. u. a. bei Rabl (1931) und Meyer (1962).

Bereich der eben zur Bildung kommenden beiden Supraorbitallinien dicht beieinanderliegende Zellen, die als *jugendliche Schlüpfdrüsenzellen* aufzufassen sind. Sie zeichnen sich durch Lokalisation unmittelbar unter der Decklage, Betonung der Zellgrenzen sowie meist exzentrische Kernlage aus.

In den nächsten Entwicklungsstadien 28 und 29 wird der Sonderstatus dieser Elemente noch deutlicher. Sie imponieren im Aufsichtsbild durch auffallende (pflanzenzellartig scharfe) Konturierung ihrer meist recht hellen Zelleiber sowie durch die Form, Größe und Höhenlage ihrer Kerne. Es fehlt den Zellen jedoch fast allen noch der Anschluß an die Hautaußenfläche; wo vorhanden, ist die Mündung sehr klein und zugleich rundlich.

Die *Kerne*, welche etwas betonter strukturiert sind und gewöhnlich 1—3 Nucleolen einschließen, beeindrucken in der Aufsicht durch ihre ausgesprochen runde Form. Ihre Größe schwankt ein wenig, sie sind aber stets kleiner als die polymorphen Kerne der deutlich zu differenzierenden Deck- und Grundschicht. Ihr Platz befindet sich dabei immer in der Höhe zwischen den Kernen der eben genannten eigentlichen Epithelschichten, schwankt jedoch im einzelnen in beträchtlichem Umfang.

In dem in unterschiedlicher, dabei aber mäßiger Menge vorhandenen *Plasma* findet sich juxtanucleär häufig eine gewisse fibrilläre bis lamelläre Zeichnung, in deren Bereich unscheinbare Vacuolen vorhanden sein können. Darüber hinaus zeigen sich vielfach verschwommene, wolkige bzw. feinkörnige Strukturen, welche sich supranucleär erstrecken und bei HPAO-Färbung blau aussehen. Dadurch wird oftmals erst deutlich, daß der etwas oberhalb der proximalen Epidermisgrenze beginnende Zelleib nach außen meist ein wenig schräg zur Oberfläche orientiert ist. Seine Gestalt erscheint beim Aufblick im distalen Kernbereich und dicht darüber auffallend rundlich. Im Plasma können im übrigen vereinzelt *Dotterkörner* von meist verhältnismäßig geringer Größe vorkommen, und zwar allenfalls bis zum Stadium 34. Gröbere körnige Plasmaeinschlüsse, die als *Prosekretgranula* gedeutet werden müssen, sind erstmals im Stadium 30 anzutreffen. Bemerkenswert ist, daß man recht häufig auf *Mitosen* dieser Zellen stößt. Ihre Höhenlage und das schließliche Vorkommen von typischen Prosekretgranula in der Umgebung der Teilungsfiguren (vgl. Abb. 7c) geben bezeichnende Hinweise. Sie sind bis zum Stadium 33 anzutreffen, d. h. bis unmittelbar vor dem Beginn der regulären Schlüpfzeit.

Im Stadium 34 ist die Schlüpfdrüse maximal ausgebildet und ragt insgesamt leicht über die Oberfläche vor. Die Epidermis besitzt hier jetzt eine Dicke von rund 33 µm, während sie seitlich davon nur 23 µm stark ist (Messungen an bouinfixierten und nach Goldner gefärbten Querschnittpräparaten). Die Drüsenzellen liegen großenteils dicht beieinander und münden im Niveau der Hautoberfläche aus. Letztere Tatsache ist an Flächenpräparaten leicht festzustellen, weil die Zeichnung der Deckplatten benachbarter indifferenter Außenlagezellen jetzt eindrucksvoll kontrastiert (Abb. 6a). Besonders markante Endigungsbilder liefert osmiertes bzw. vorsichtig versilbertes Material. Jedes *Drüsenzellende* erscheint drei- bis mehreckig mit in der Regel nach außen konvexem Randkontur oder auch elliptisch bis voll rundlich und ist etwa $^1/_4$—$^1/_{10}$ so groß wie die angrenzenden Deckplatten. Der Hauptdurchmesser beträgt zwischen 5,0 und 8,8 µm (Messungen an einem in Formol 1:4 fixierten und sekundär osmierten Flächen-

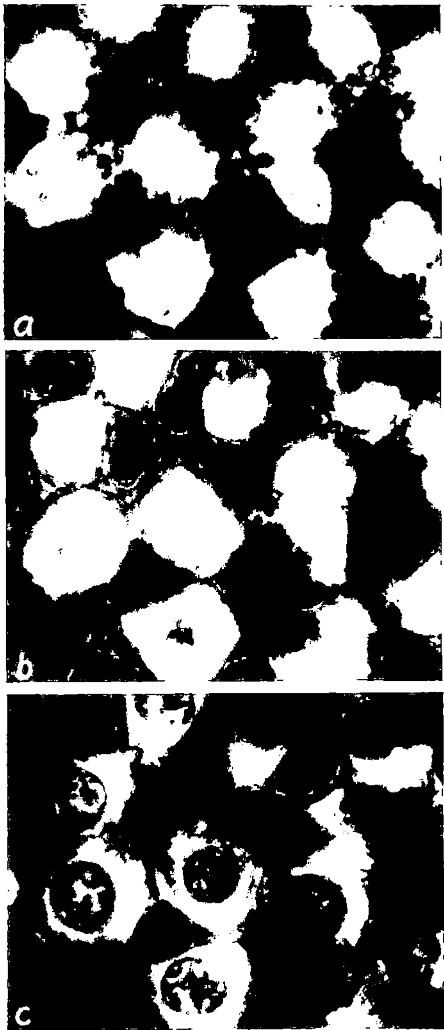

Abb. 6a—c. Korrespondierende Aufsichtsbilder von Schlüpfdrüsenzellen bei *Alytes obstetricans* (Stadium 34) aus dem zentralen Organbereich in Höhe a der Deckplattenkörner der als Mantelzellen imponierenden indifferenten Außenlagezellen (die eigentlichen Drüsenzellmündungen liegen ein wenig distaler und sind noch kleiner), b der Mantelzellkerne und c der Drüsenzellkerne. — Totalpräparat der Epidermis. — Bouins Fixierungsgemisch. HPAO. Apochromat HI 90/1,30, MF-Projektiv K 3,2:1, Zeiss-Lichtfilter OG 2/2. Negativvergr. 288fach, Positivvergr. rund 1150fach

präparat). Das Zellende befindet sich dort, wo die Deckplatten zu mehreren im Winkel zusammenstoßen oder zu zweit mit ihren Längskanten aneinandergrenzen und liegt zugleich eigentlich immer über dem zugehörigen Zellkörper, wenn auch meist nicht über dessen Mitte. Im übrigen zeigen sich die gewöhnlich strukturlosen Drüsenzellmündungen oft paarweise geordnet, wobei Lage und Form sich in eigentümlicher Weise entsprechen. Nicht selten stoßen sie mit jeweils nur einer Ecke aneinander, häufiger berühren sie sich aber nicht direkt. In den dicht-besetzten Hautpartien kann man bis zu 6 Endigungen am Rande einer einzigen Deckplatte antreffen.

Der *Zelleib* der Drüsenzellen ist jetzt im Verhältnis größer, hat meist eine birnenförmige Gestalt und erstreckt sich mit seinem bauchigen Teil bis in die Grundschicht, ohne jedoch die Basalmembran zu erreichen. Dabei sind die Elemente nach orientierenden Messungen an bouinfixiertem Material zwischen 16 und 20 µm lang und maximal zwischen 11 und 16,5 µm breit. Die indifferenten Außenlagezellen werden durch die Platzbeanspruchung so verformt, daß man bei ihnen von *Mantelzellen* sprechen muß; denn einzeln oder als kleine Gruppe vor-kommende Drüsenzellen werden von den angrenzenden Decklagezellen zum Teil geradezu manschettenartig umrahmt. Bei dicht gedrängt stehenden Drüsen-elementen ist diese Ordnung aus Raumnot nur begrenzt möglich bzw. sekundär weitgehend verwischt. Die zugehörigen Außenschichtkerne passen sich den ver-änderten Umständen jeweils besonders eindrucksvoll an (Abb. 6b). Infolge des Formwandels erscheinen sie in der Aufsicht wesentlich kleiner als gewöhnlich, außerdem zugleich auffallend vielgestaltig und reichen nicht selten etwas weiter in die Tiefe.

Als auffälligster Plasmabestandteil sind jetzt eigentlich regelmäßig in großer Menge ziemlich grobe, stärker lichtbrechende Körnchen vorhanden (Abb. 7a und b), welche in dichter Lagerung den ganzen Zelleib — mit Ausnahme seines basalen Teiles — erfüllen und als *Prosekretgranula* zu bezeichnen sind. Sie erscheinen bei den Routine-Färbungen (Eisentrioxyhämatein-Bordeaux R, Hämatoxylin-Eosin, Masson, Goldner, Azan) in der Regel betont rot, bei der zuletzt angeführten Methode nicht selten mit Beimengung eines gewissen Orangetones. Gelblich sind sie beim HPAO-Verfahren, kräftig citronengelb bei der Massonschen Häm-alaun-Metanilgelb-Mucicarmin-Färbung. Ihre generelle Affinität zu sauren Farb-stoffen verdeutlichen auch einfache Färbungen mit Lichtgrün, Kongorot etc. Im übrigen zeigen sie sich in gewissem Umfang osmiophil, stellen sich dagegen bei Versilberung nicht dar. Eine ganz besondere Neigung besitzen die Körnchen zu Safranin (Champy-Fixation). Sie sehen dabei leuchtend tiefrot aus und sind hervorragend scharf gezeichnet (Abb. 7b). Klare Aufbauunterschiede der Einzel-körner, etwa mit Sonderung einer Außen- und Innenzone, ließen sich nicht er-kennen, d. h. sie sind lichtoptisch weitgehend homogen. Über die Ergebnisse gewisser histochemischer Analysen gibt die Tabelle 2 Aufschluß.

Die Gestalt der Granula erscheint supranucleär im allgemeinen deutlich kugel-förmig, wobei der Durchmesser schwanken kann. An Safranin-Präparaten (Champy-Fixation) vorgenommene Messungen ergaben Durchschnittswerte von 0,4—1,1 µm, wobei 80% sich in der Größenordnung von 0,5—0,7 µm halten. Von einer gegenseitigen Abplattung der Körner bei dichter Packung ist nichts zu bemerken. Ganz apikal können sie allerdings eine gestrecktere, schlanke Form annehmen, so daß ihr optischer Querschnitt unmittelbar unter der gewöhnlich völlig leer aussehenden Zellmündung dann wesentlich kleiner erscheint. Außerdem sind sie hier jeweils von einem auffälligeren, schmalen, helleren Hof umgeben. In Höhe der distalen Kernhälfte sind ihre Größe und Form vielfach deutlich unterschiedlich (z. T. kurzstäbchen- bis keulenähnliche Gestalt). Sie gehen dort und proximal davon in ein recht schwer sichtbares, mehr oder weniger feines,

Tabelle 2. *Ergebnisse histochemischer Reaktionen der Prosekretgranula in den Schlüpfdrüsenzellen von Alytes obstetricans (Stadienbereich 30—38)*

Organische Substanzen	Reaktion bzw. Färbung	Fixierung	Prosekret-granula
Polysaccharide	PAS	Bouin, Formol 1:9	+/++
Glykogen	Best-Carmin	Gendre	—
Mucine	Mucicarmin	Bouin	—
saure Mucopoly-saccharide	Astrablau	Bouin, Formol 1:9	—
Proteine			
α-Aminogruppen	Ninhydrin-Schiff	Formol 1:9	++
Tyrosin	Millon	Formol 1:9	+
aromatische Amino-säuren etc.	Tetrazonium	Formol 1:9	+++
SH-Gruppen	DDD-Methode	Trichloressigsäure-Alkohol	+/diffus
SH- und SS-Gruppen	DDD-Thioglykolat-Methode	Trichloressigsäure-Alkohol	++/diffus
SH- und SS-Gruppen	Ferriferricyanid	Trichloressigsäure-Alkohol	++/diffus
Lipide	Sudan III	Formol 1:9	—
	Scharlach R	Formol 1:9	—
	Sudanschwarz B	Formol 1:9	(+)
	Nilblau A	Formol-Calcium	—
Enzyme			
alkalische Phosphatase	Azofarbstoff-Methode	Formol 1:9	—
Protease	indirekte Methode nach Adams u. Tuqan (1961)[a]	Formol 1:9	—
β-Galactosidase	Azofarbstoff-Methode	Formol 1:4	—
β-Glucosidase	Azofarbstoff-Methode	Formol 1:4	—
Peroxydase	Loele-Benzidin-Methode	Formol 1:4	—

— = negativ, + = schwach positiv, ++ = positiv, +++ = stark positiv, (+) = unspezifischer Färbungseffekt.

[a] Hierbei ist die Aktivität im Bereich der Drüsenzellmündungen von 22 schlüpfreifen Tieren bei abgestuftem pH überprüft worden (Fixation für 24 Std in Formol 1:9 bei 4° C, Inkubation für 1 Std bei 20° und 37° C). Im übrigen wurde das Verfahren auch an 20 unfixierten Tieren unter sonst gleichen Bedingungen mit ebenfalls negativem Ergebnis durchgeführt.

perinucleäres Fibrillensystem über, welches nur an sehr vereinzelt vorkommenden granulaärmeren bzw. -freien Zellen ganz deutlich wird, aber in seiner Ausbildung offenbar schwankt. Es besteht aus basophiler Substanz, färbt sich dementsprechend nach Dominici bzw. mit Kristallviolett, Gallocyanin usw. (vgl. Abb. 7d) und ist ergastoplasmatisches Reticulum.

Wenn die Zellen durch ihren Granulagehalt gewöhnlich auch kräftig gefärbt sind, so fallen bei vergleichender Aufsichtsbetrachtung vielfach doch gewisse Intensitätsunterschiede auf. In Abhängigkeit von der Zahl und Lagerungsdichte der Körner kommen nämlich besonders stark und andererseits auch schwächer tingierte (bis farblose) Elemente vor. Im Durchschnitt ist die Spielbreite innerhalb des dichtbesetzten Hautareals jedoch recht gering. Helleren Drüsenzellen

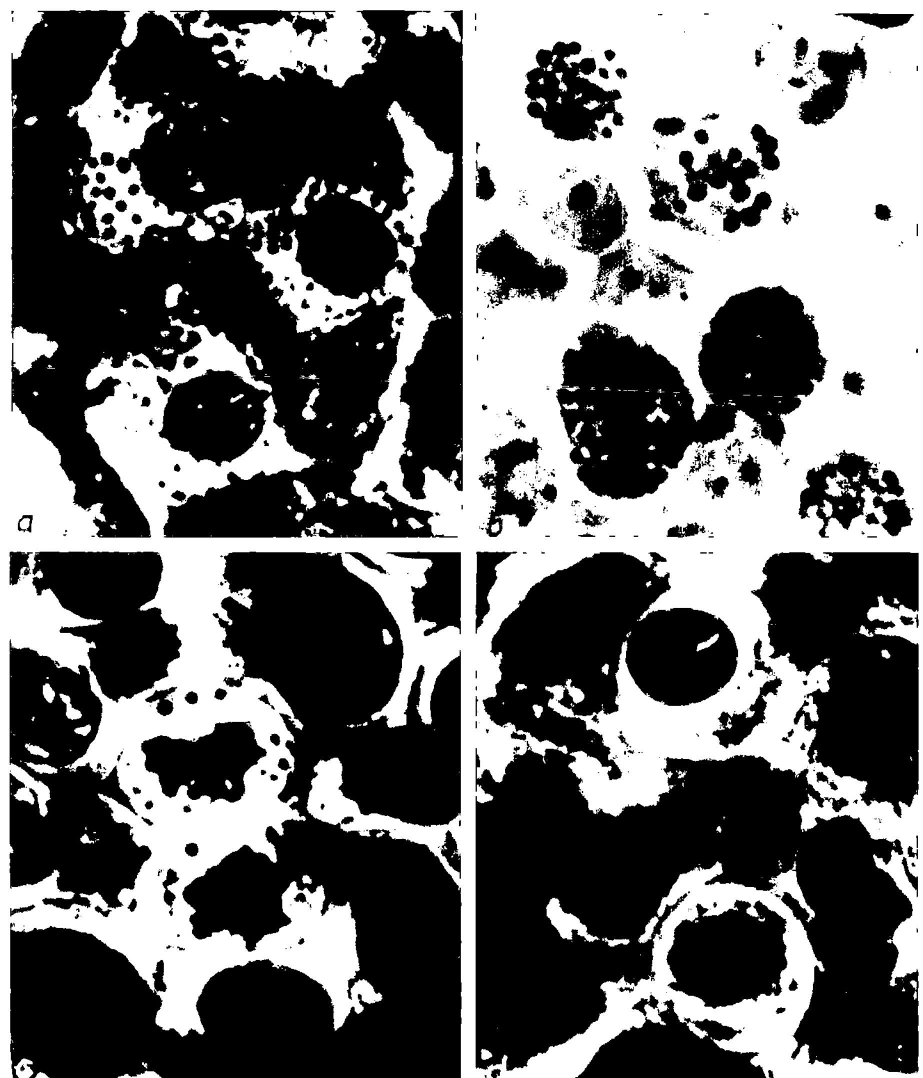

Abb. 7a—d. Schlüpfdrüsenzellen von *Alytes obstetricans* aus Totalpräparaten der Epidermis (Aufsichtsbilder) mit a Prosekretgranula führenden intracornealen Elementen (Stadium 37), b elektiv dargestellten Prosekretkörnern (Stadium 35), c früher Telophase eines durch Prosekretgehalt als Drüsenzelle charakterisierten Elementes (Stadium 38) und d 2 regressiven ergastoplasmareichen Drüsenzellen (Stadium 38). — a Bouins Fixierungsgemisch. Eisentrioxyhämatein-Bordeaux R. Planachromat HI 100/1,25, MF-Projektiv K 4:1, Zeiss-Lichtfilter VG 4/2. Negativvergr. 400fach, Positivvergr. rund 1550fach. b Champys Fixierungsgemisch. Safranin G. Planachromat HI 100/1,25, MF-Projektiv K 4:1, Zeiss-Lichtfilter VG 4/2. Negativvergr. 400fach, Positivvergr. rund 1550fach. c Bouins Fixierungsgemisch. Eisentrioxyhämatein-Bordeaux R. Apochromat HI 90/1,30, MF-Projektiv K 3,2:1, Zeiss-Lichtfilter VG 4/2. Negativvergr. 288fach, Positivvergr. rund 1580fach. d Bouins Fixierungsgemisch. Hämatoxylin-Eosin. Apochromat HI 90/1,30, MF-Projektiv K 3,2:1, Zeiss-Lichtfilter VG 4/2. Negativvergr. 288fach, Positivvergr. rund 1580fach

begegnet man regelmäßig in den aufgelockerten Randteilen der Gesamtdrüse, eindrucksvoll z. B. intracorneal. Hierbei ist sicher die Möglichkeit zur größeren Breitenentfaltung der Drüsenzelleiber und die damit verbundene andersartige Körnerverteilung in ihnen von ausschlaggebender Bedeutung.

Im übrigen gibt es noch ein weiteres, recht seltenes Drüsenzellbild, das vor allem im Bereich großer Zellmassierung gesehen werden kann. Es ist dadurch charakterisiert, daß ihm die granuläre Komponente weitgehend bis total fehlt, dafür aber eine starke diffuse Plasmafärbung eigentümlich ist. Regelmäßig hinzu kommt noch, daß der Zelleib seine, in der Aufsicht sonst gezeigte bzw. angestrebte, runde Form eingebüßt hat. Er erscheint vielmehr zusammengesunken und dementsprechend eher eckig. Der zugehörige Kern zeigt gleichfalls eine gewisse Tendenz zur Verformung (Entrundung), liegt dabei aber in alter Höhe. Unverändert stellen sich Größe und Form der distalen Zellendigung dar.

Der gewöhnlich etwa kugelförmige *Kern* der Elemente, welcher sich im Aufsichtsbild auch weiterhin exzentrisch zu präsentieren pflegt, hat nach orientierenden Messungen an bouinfixiertem Untersuchungsgut einen Durchmesser von meist 7,5—8 µm. Sehr selten kommt er doppelt in einer Zelle vor oder fällt durch besondere Größe auf. Sein Randkontur ist betont, und in seinem Innern zeigt er eine spärliche, körnige bis netzförmige Zeichnung (Abb. 6c). Die zugehörigen Nucleolen erscheinen bei Safranin-Färbung feingranulär zusammengesetzt und sind größenmäßig unauffällig; in den Übersichtsfärbungen lassen sie sich ziemlich schwer von ausgeprägteren Chromozentren differenzieren. Eine Betrachtung der Lageverhältnisse der Kerne untereinander macht deutlich, daß häufiger 2 Nachbarkerne erstaunlich übereinstimmen. Es wiederholt sich hier, was auf S. 27 über die Paarigkeit der Endigungen gesagt wurde. Insgesamt besteht in diesen Fällen durchaus Grund zur Annahme, jeweils Abkömmlinge *einer* Mutterzelle vor sich zu haben. An der Höhenlage der Kerne hat sich den früheren Verhältnissen gegenüber nichts geändert. Erwähnenswert ist noch, daß die Kerne der Drüsenzellen und der Basallageelemente miteinander alternieren.

In der *nachfolgenden Entwicklungsphase*, d. h. in den Stadien 36 und 37, und zwar ganz unabhängig davon, ob das Tier bereits geschlüpft ist oder nicht, tauchen schlagartig in größerem Umfang Veränderungen auf, die eine *regressive Metamorphose der Drüsenzellen* bezeugen. Wie noch zu schildern sein wird, imponieren dabei vor allem eine Bildung von sehr markanten Vacuolen und von Granulaballen sowie schließlich die Zeichen des völligen Zelltodes. Die Rückbildungserscheinungen verlaufen aber nicht immer so auffällig. Sie beschränken sich bei anderen Elementen auf eine fortlaufende zahlenmäßige Abnahme der Prosekretkörner, welche mit einem meist apikalen Auftreten einzelner, unscheinbarer Vacuolen bzw. eines kleinen Vacuolenkomplexes gekoppelt sein kann. Hand in Hand damit geht eine einfache Verkleinerung des Zellvolumens. Es resultieren dann schmale, in der Vertikalausdehnung aber unveränderte Elemente, deren distales Ende unter Beibehaltung der alten Größe und Gestalt in die Epidermisoberfläche eingegliedert ist. Ihr Plasma läßt außer kleinen, kurzstäbchenförmigen Mitochondrien in Kernhöhe eine oft sehr deutliche, konzentrische, ergastoplasmatische Lamellenstruktur erkennen (Abb. 7d), der Kern hat seine auffällige Kugelform unverändert beibehalten. — Das fernere Schicksal dieser Zellen ließ sich nicht ohne weiteres klären. Es dürfte aber einen Verlauf nehmen, wie er im folgenden für die noch länger funktionierenden Drüsenrestzellen dargelegt wird.

Unter den zunächst genannten eindrucksvollen Regressionserscheinungen bilden *vacuoläre Plasmaveränderungen* offenbar den Auftakt. Die juxta- und supranucleär liegenden, bald z. T. beachtlich großen, sehr hellen Vacuolen verdrängen das granulahaltige Plasma und können unter Umständen sogar die Kerngestalt beeinflussen. Hinzu kommen Besonderheiten der Granula. Sie werden sehr häufig alle oder nur teilweise in einem bis mehreren, verschieden großen, hell gesäumten Ballen (Abb. 8a) vereint und verlieren anschließend offenbar ziemlich rasch ihre Färbbarkeit und Größe, evtl. unter gleichzeitigem Zusammensintern. Vereinzelt können neben ihnen — bei strukturell völlig intaktem Kern — auch noch ein oder wenige dunkel färbbare, kugelige Einschlüsse vorkommen (Abb. 8b und c), welche meist einen schmalen, hellen Hof besitzen. Alle diese Veränderungen haben für die Zellmündung an der Oberfläche gewöhnlich noch keinerlei Bedeutung. Das ändert sich erst mit dem Kernuntergang, welcher meist unter dem Zeichen einer Wandhyperchromatose verläuft und unter *Pyknose* und *Rhexis* endet. Dann phagocytieren häufig Wanderzellen die Zellreste (Abb. 8d); die Stellen, an denen das geschieht, fallen bei schwacher Vergrößerung durch besondere Helligkeit auf. Schnell ist nun die alte Zellmündung verschwunden, die angrenzenden Außenlagezellen füllen die Lücke aus.

Die beiden beobachteten Möglichkeiten der Regression sind abhängig von der Lage der Zellen in der Gesamtdrüse: der unscheinbarere Vorgang einfacher Involution herrscht in den zelldichten Bereichen vor, während die Nekrobiosebilder vor allem an den gelockerten Drüsenrändern vorkommen. Parallel mit diesen Geschehnissen verlieren die benachbarten indifferenten Decklageelemente zunehmend ihren Mantelzellcharakter, und ihr Kern bekommt mehr und mehr wieder die typische Form. Am spätesten erfolgt das naturgemäß in den Arealen dichtester Lagerung der Drüsenzellen, wo sie übrigens stets am längsten existieren. Man findet die Drüsenelemente dort immerhin noch fast 2 Wochen nach dem Schlüpfen. Bis dahin ist jedoch auch hier eine starke Auflockerung ihrer restlichen Vertreter durch häufige Mitosen gewöhnlicher Epidermiszellen eingetreten. Vereinzelte Schlüpfdrüsenelemente kommen übrigens auch noch lange in den Drüsenflügeln am Ober- und Hinterrand der Hornhäute vor, während das Gros hier schon früher verschwunden ist.

Bei der Frage nach dem *endgültigen Schicksal der Restzellen* ist zunächst festzustellen, daß entsprechende Untergangsbilder in dieser Spätzeit durchaus selten sind. Wiederholt begegnet man im Stadium 38 dagegen unverkennbaren *Mitosen* von Drüsenzellen (Abb. 7c). Sie zeichnen sich, von der Höhenlage abgesehen, durch den typischen, recht grobgranulären, gelegentlich abgeschwächt färbbaren Zellinhalt sowie die charakteristische Zellmündung aus. Letztere ist, jedenfalls bis zum Ende der Metaphase, an gewöhnlich gefärbtem Material ganz klar zu identifizieren.

Nach dem Schlüpfen kann die äußere Entwicklung der Larven entweder sofort weitergehen oder aber, den Beobachtungen an den Stadien 38 und 39 zufolge, zunächst über einige Zeit (jedenfalls für gut 3 Wochen) stagnieren, wobei ursächlich sicher die Ernährung und die Temperaturverhältnisse eine Rolle spielen. Im Labor wirkt gewiß eine zu große Tierbestandsdichte in den Aufzucht-

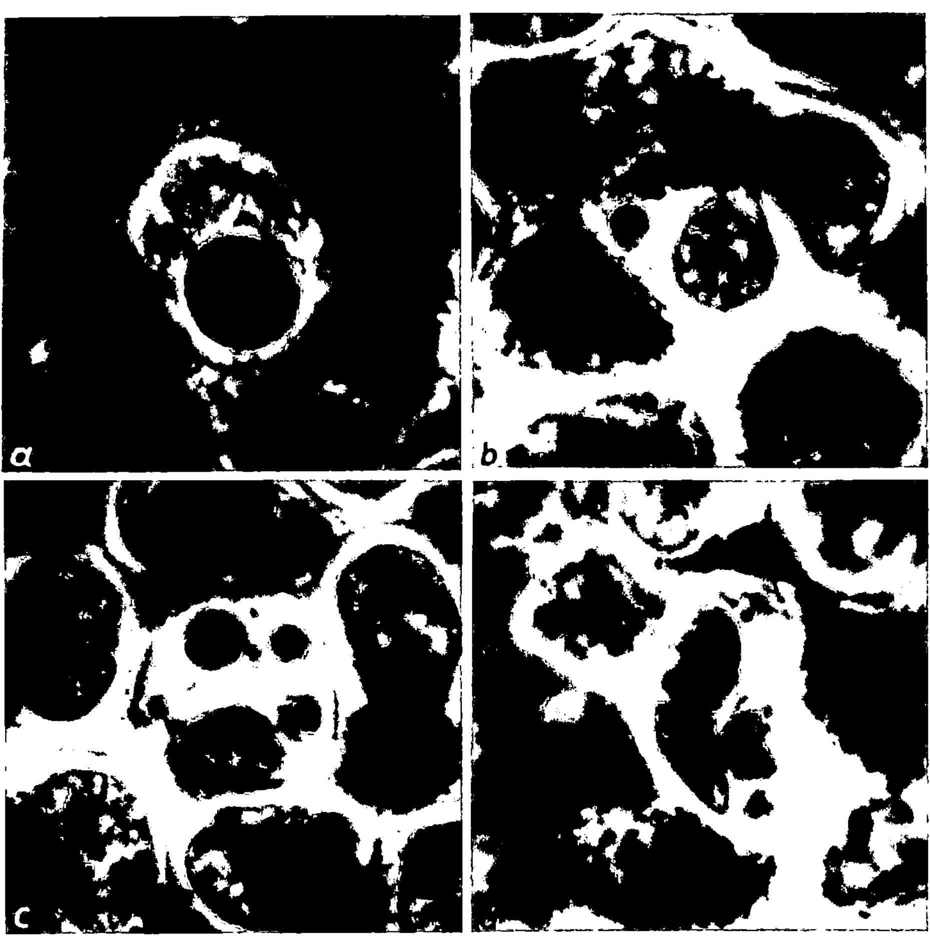

Abb. 8a—d. Regressive Schlüpfdrüsenzellen von 2 *Alytes obstetricans*-Larven (Stadium 38) mit a Ballenbildung aus Prosekretgranula, b und c einzelnen bis mehreren inhomogenen, kugeligen Einschlüssen; d in eine Wanderzelle eingeschlossene Reste einer untergegangenen Drüsenzelle. — Aufsichtsbilder aus Totalpräparaten der Epidermis. — Bouins Fixierungsgemisch. Eisentrioxyhämatein-Bordeaux R. Apochromat HI 90/1,30, MF-Projektiv K 3,2:1, Zeiss-Lichtfilter VG 4/2. Negativvergr. 288fach, Positivvergr. rund 1580fach

becken hemmend („Raumfaktor"). Der Stillstand der Gestaltung des äußeren Tierhabitus hat jedoch keine Parallele im Hautreifungsprozeß, welcher vielmehr planmäßig weiterläuft. Im ganzen ergibt sich daraus, daß jetzt bei einem gemischten Tiergut histologisch sehr differente Hautverhältnisse angetroffen werden können: neben Tieren mit noch zahlreichen, eindrucksvollen Schlüpfdrüsenzellen findet man solche, die keine mehr besitzen. Bei äußerlich schnell weiterentwickelten Larven waren solche Elemente bis zum Stadium 40 ohne weiteres festzustellen.

Der in dieser Spätphase unterschiedliche Aspekt der Drüsenzellen erlaubt es zudem, den geraden Weg ihrer *Transformation in indifferente Decklageelemente* einigermaßen klar zu folgern. In dem abnehmenden Zellplasma lassen sich zunächst noch kleinere Prosekretgranula erkennen, deren Konturen jedoch immer verwaschener werden. Sie gehen dann in eine supranucleär gelegene wolkige Plasmaverdichtung auf, die entsprechend, aber abgeschwächt, gefärbt ist und von der Zellwand gering abgesetzt erscheint. Perinucleär schließt sich derselben kontinuierlich das Ergastoplasma an. Der Kern, welcher sich größenmäßig den inzwischen kleiner gewordenen Außenlagezellkernen genähert haben kann, steigt zum Schluß höher und nimmt eine polymorphe Gestalt an. Gleichzeitig vergrößert sich die lange nachweisbare typische Drüsenzellendigung und scheint sich dann ziemlich plötzlich in eine Deckplatte, wie sie den indifferenten Außenschichtzellen eigentümlich ist, umzuwandeln. Letzteres ergibt sich daraus, daß die Feststellung eindeutiger Übergänge vielfach unsicher war, demgegenüber aber das Deckplattenmosaik im Bereich der alten Schlüpfdrüse sich bald völlig geschlossen darstellte. Größe und Gestalt der Deckplatten wechseln dabei, erlauben jedoch keine Rückschlüsse auf den cytogenetischen Hintergrund, wie aus Vergleichsuntersuchungen an anderen Hautpartien hervorgeht.

In den bisherigen Ausführungen sind allein die spezifischen Aufbauelemente des Schlüpforgans, die Drüsenzellen und die zugehörigen epithelialen Mantelzellen, behandelt worden. Offen ist die Frage eventueller räumlicher Beziehungen zu in der Haut vorhandenen anderen Spezialelementen, — die Seitenlinienorgane ausgenommen, worauf schon früher eingegangen wurde (S. 15 ff.). In Betracht kommen hier *Flimmer-* und *Schaltzellen* (Meyer, 1962). Beide Zelltypen sind im Hauptareal der Drüse nicht zu finden, können aber in deren aufgelockertem Rand sporadisch auftreten. Eine sonstige topographische Verbindung fehlt. Dennoch soll auf die *Schaltzellen* kurz eingegangen werden, weil ihre zeitliche Existenz mit der der Schlüpfdrüsenzellen offenbar im wesentlichen übereinstimmt und sie ebenfalls drüsiger Natur sind.

Bei systematischer Untersuchung der ganzen Hautflächen ließen sich Schaltzellen bereits im Entwicklungsstadium 28 argwöhnen. Vom folgenden Stadium an kommen sie in zunächst geringer Anzahl sicher vor. Ihre Ausmündung auf der Hautoberfläche ist in dieser frühen Zeit beträchtlich groß. Im Stadium 30 sind die besonderen Merkmale der Elemente, wie sie bereits bekannt sind (Meyer, 1962, S. 113), großenteils völlig deutlich. Hervorgehoben seien hier nur das bevorzugte paarweise Auftreten, die strukturlose, mehreckige distale Endigung, welche etwa die halbe Größe der Deckplatte gewöhnlicher Außenlagezellen erreicht, und der schon jetzt mögliche, z. T. beträchtliche Gehalt an feinen, oxyphilen Prosekretgranula, die bei HPAO-Färbung bräunlich-gelb erscheinen und PAS-negativ sind. Hinzukommen kann mehr oder weniger eindrucksvolle ergastoplasmatische Substanz, welche sich proximal an die Zone der Körnchen im perinucleären Bereich anschließt. Für die Verteilung der — ebenso wie die Schlüpfdrüsenzellen — pigmentfreien Schaltzellen gilt, daß sie, teilweise in Gruppen zusammenliegend, über beträchtliche Teile des Körpers verstreut sind und sich sogar am Schwanz befinden. Nach orientierenden Untersuchungen scheinen sie am häufigsten im rückwärtigen Rumpfabschnitt vorzukommen.

In den Stadien 35—37 findet man in den Schaltzellen sehr häufig vacuoläre Plasmaveränderungen, die z. T. sehr auffällig sind und gleichzeitig fast alle Elemente betreffen können. Davon getrennt werden müssen gelegentlich beobachtete, nur eben angedeutete, kleine, rundliche Aufhellungen in der apikalen Zellzone, die unmittelbar proximal in zarte, lichte Höfe übergehen, welche die dort vorhandenen Körnchen bzw. Mitochondrien umgeben. Die Vacuolen erscheinen dagegen als helle, optisch leere, kugelige, scharf begrenzte Gebilde verschiedener Größe im ganzen supra- und juxtanucleären Zellbereich. Sie konfluieren offenbar und können den Kern gestaltlich und lagemäßig stark beeinflussen (schließlich Bildung von „Siegelringzellen"). Aus den ursprünglich schlanken sind aufgeblähte Elemente geworden, die in der Aufsicht mehr oder weniger rund sind. Ihre Ausmündung an der Oberfläche bleibt regulär in den Deckplattenverband der Außenzellen eingefügt, zeigt gelegentlich aber vergrößerte Ausmaße. Von den charakteristischen intracellulären feinen Prosekretgranula ist nichts mehr sichtbar.

Hier und dort auftretende Kernpyknosen lassen die Veränderungen im ganzen als hydropische Degeneration mit irreversibler Zellschädigung erscheinen. Tiere mit stärker verzögertem Schlüpftermin scheinen zu einem Teil besonders betroffen. Ob das Schicksal der Elemente jedoch generell so verläuft, ist fraglich. Zumindest gibt es Restzellen, die weiterhin die Kriterien voller Funktionstüchtigkeit besitzen, also vor allem mit Prosekretgranula ausgestattet sind und andererseits keine pathologischen Vacuolen zeigen. Vom Stadium 40 an sind eindeutige Schaltzellen durchaus selten und fehlen vielfach ganz. Im übrigen soll abschließend erwähnt werden, daß es sich bei epidermalen Zelluntergängen dieses Entwicklungsabschnittes nicht nur um Schalt-, sondern auch um Flimmerzellen handeln kann. Die differentialdiagnostischen Schwierigkeiten können dabei natürlich sehr groß bis unlösbar werden.

b) Andere Anuren

Die *Schlüpfdrüsenzellen* der übrigen untersuchten Froschlurche stimmen nach Aussehen und Schicksal im wesentlichen weitgehend mit den Feststellungen bei *Alytes* überein. In Einzelheiten können aber verschiedenartige, mehr oder weniger auffallende Abweichungen bestehen.

Bevor darauf eingegangen wird, soll bei den einheimischen Tierarten auf die *Gesamtzahl* der sekretorischen Zellen hingewiesen werden, die die Drüse jeweils zusammensetzen. Die in der Tabelle 3 notierten Daten beziehen sich auf Flächenpräparate von Embryonen, an denen die PAS-Reaktion durchgeführt worden war; nur bei wenigen war eine Eisenhämatoxylin-Bordeaux R-Färbung für die Analyse günstiger. Da die Keimlinge, mit Ausnahme von *Alytes*, die Eihüllen stets schon eine gewisse Zeit verlassen hatten, bot das Organ z. T. bereits Andeutungen einer anlaufenden Regression (vereinzelte zugehörige Zelluntergänge, am zahlreichsten bei *Bufo viridis*). Doch dürfte das wahre Bild der Verhältnisse, von *Bufo viridis* abgesehen, zur Zeit des Schlüpfens dadurch nur wenig beeinträchtigt sein, wie aus einzelnen vergleichenden Orientierungen an jüngerem Material geschlossen werden kann.

Wo die Drüse komplizierter, d. h. ankerförmig gebaut ist (*Hyla arborea*, sämtliche *Rana*-Arten), lassen sich die Zahlen natürlich ohne weiteres noch in einen Wert für die Ankerarme und einen zweiten für den Schaftteil aufgliedern. Bei den Tieren mit kurzen Drüsenarmen ergibt sich dann z. B. für *Hyla arborea* und *Rana esculenta*, daß der Schaftteil ca. 7,6- bzw. 2mal mehr Zellen besitzt. Umgekehrt ist das bei den *Braunfröschen*, z. B. *Rana arvalis* und *R. temporaria*,

die starke Drüsenarme haben. In diesen sind ca. 3,5- bzw. 4,7mal mehr Drüsenelemente als im Schaft untergebracht.

Tabelle 3. *Schlüpfdrüsenzellzahlen der einheimischen Froschlurche, nach steigender Häufigkeit
geordnet. Die Werte beziehen sich jeweils auf ein charakteristisches Tier des Entwicklungsstadiums
30, Alytes ausgenommen, der dem Stadium 34/35 zugehört*

Tierart	Drüsen- zellzahl
Bufo viridis	53
Bufo calamita	85
Bufo bufo	89
Bombina bombina	99
Bombina variegata	118
Hyla arborea	206
Pelobates fuscus	229
Rana esculenta	265
Rana ridibunda	289
Rana arvalis	579
Rana dalmatina	623.
Rana temporaria	674
Alytes obstetricans	9593

Bezüglich der außerordentlich hohen Zahl der Drüsenzellen bei *Alytes* sind
noch die sich ähnlich verhaltenden beiden exotischen Vertreter *Arthroleptella
lightfooti* (Stadium 45) und *Hyla brunnea* (Stadium 42) grob analysiert worden.
Dabei ergaben sich für *Arthtroleptella lightfooti* ca. 5000 Zellen (Verhältnis Kopf zu
Rücken wie 5,8:1) und für *Hyla brunnea* ca. 6300 Zellen.

Bei den eben genannten Tieren weichen im Aufsichtsbild teilweise auch die
Ausmaße ihrer Drüsenzellen von den üblichen Werten ab. Die Elemente erscheinen im Vergleich zu den gewöhnlichen Epithelzellen nämlich nur wenig vergrößert,
während sie sonst — große Teile der Drüse von *Hyla brunnea* einbegriffen —
im Durchschnitt bedeutend größer sind. Letzteres kann sich auch darin äußern, daß
die Grundschicht als Sitz stärker mit einbezogen und manchmal sogar die Basalmembran erreicht wird, wie es z. B. bei *Rana ridibunda*, *R. arvalis* und *Rhacophorus maculatus* beobachtet wurde. In diesem Fall können sich die bei *Alytes* beschriebenen, dort der Außenschicht angehörenden *Mantelzellen* auch aus Elementen der epidermalen Grundschicht bilden. Im übrigen sind die Nachbarzellen öfter
nur so gering verändert, daß sie nicht als „Mantel- oder Stützzellen" bezeichnet
werden können. Zu erwähnen bleibt, daß die Gestalt der Drüsenzellen, grob
gesehen, vielfach wie bei *Alytes* birnen- oder auch keulenförmig ist. In der Aufsicht
erscheinen die relativ kleinen Zellen (z. B. der *Arthroleptellen*) rundlich und die
großen oft polymorph-rundlich (s. Abb. 11). Bei dichter Lage kommt es unter Umständen zu einer wechselseitigen Gestaltbeeinflussung. In bestimmten Regionen
kann man auch flaschenähnlich ausgezogene Formen finden, bei denen der Zell-
leib — als offenbare Folge gewisser Zellbewegungen — extrem weit vom Ostium
verschoben ist.

Von den *Drüsenzellmündungen* soll zunächst die Verteilungsart betrachtet
werden. In dieser Beziehung unterscheidet sich das Untersuchungsgut, welches

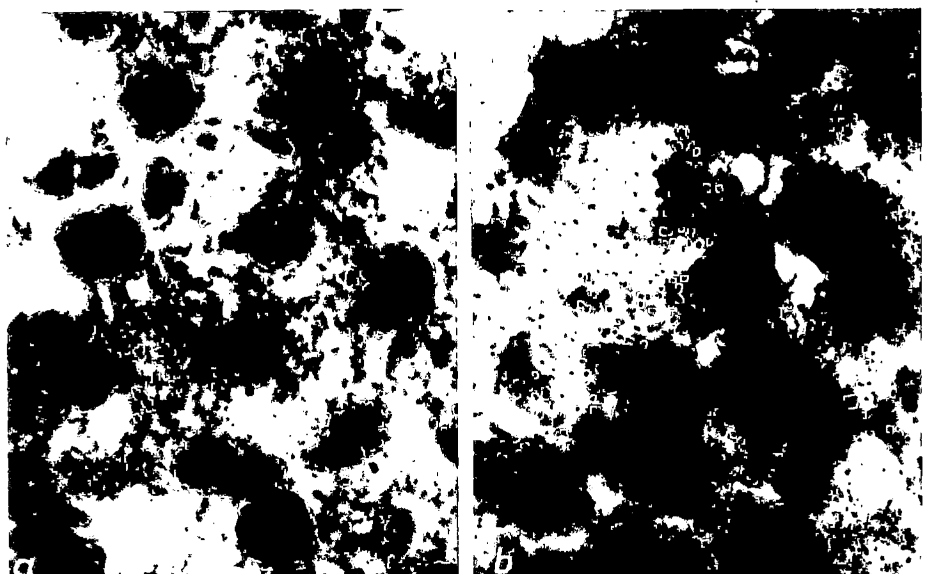

Abb. 9a u. b. Distale Anteile bzw. Endigungen von Schlüpfdrüsenzellen in a offener Lage bei *Hyla arborea*, zugleich kräftig pigmentiert, und b einfacher, geschlossener Reihe bei *Xenopus laevis*, Zellenden gleichzeitig pigmentfrei (während die Elemente an sich recht pigmentreich sind). — Aufsichtsbilder aus Totalpräparaten der Epidermis des dorsomedianen Kopfbereiches (Embryonen des Stadium 24). — Bouins Fixierungsgemisch. Eisentrioxyhämatein-Bordeaux R. Apochromat HI 90/1,30, MF-Projektiv K 3,2:1, Zeiss-Lichtfilter VG 4/2. Negativvergr. 288fach, Positivvergr. bei a rund 1200fach, bei b rund 875fach

meist aus bereits geschlüpften Tieren bestand, vor allem im cranialen Drüsenteil ganz erheblich: die Drüsenzellen können *isoliert* ausmünden oder auch in unterschiedlich großer Zahl *gemeinsam* endigen, wobei die Gestalt der Mündungsvereinigungen wechselt. Bei isolierten Endigungen pflegen wenigstens einige in paariger Form vorzukommen. Wie bereits (S. 27 f.) für *Alytes* ausgeführt wurde, handelt es sich dabei darum, daß 2 Endigungen direkt aneinanderstoßen bzw. dem Gesamtbild nach in besonders enger Beziehung stehen.

Im allgemeinen ist es so, daß gemeinsame Endigungen bei jüngeren Drüsen viel häufiger sind als bei älteren. Der Beginn der Regression des Organs bringt eine fortschreitende Auflockerung der Zellmündungen mit sich, welche durch intensive Zellteilungsvorgänge der angrenzenden indifferenten Außenlagezellen sowie Verkleinerung und Untergänge der Drüsenzellen verursacht wird. Dabei ist die Dauer der Existenz der Mündungskollektive bei den einzelnen Arten auch abhängig von der ursprünglichen Größe der Drüse. Die gemeinsamen Endigungen sind z. B. bei *Rana pipiens* früher verschwunden als bei *R. temporaria*. Im größten Teil des Schaftes scheinen die Ostien im übrigen bei den meisten Arten von Anfang an einzeln zu liegen.

Für den cranialen Hauptteil der Drüse gilt, daß eine primäre lockere Verteilung der einzelnen Zellmündungen möglicherweise bis sehr wahrscheinlich bei *Pelobates fuscus* (Schachbrettmuster), *Hyla arborea* (Abb. 9a), *Limnodynastes tasmaniensis*, den einheimischen *Grünfröschen* und *Rana sylvatica* besteht. Ebenso verhält es sich im Prinzip bei den Tieren mit einer besonders zellreichen Drüse, also *Alytes*, den *Arthroleptellen* und überwiegend auch bei *Hyla brunnea*.

Im Gegensatz dazu steht die lückenlose dauernde Vereinigung fast aller Endigungen bei *Crinia signifera* (bis Stadium 34) und wenigstens für einige Zeit auch bei *Xenopus laevis* (Abb. 9b). Entsprechend der Gestalt der Schlüpfdrüse erscheinen die Zellmündungen dabei in Form geschlossener Reihen bzw. wechselnd breiter Bänder. Bei der in letzterer Hinsicht besonders markanten *Crinia signifera* ist es so, daß im Schaft und in den Armen bis 6 Endigungen direkt nebeneinander liegen. Eigenartigerweise sind die Verhältnisse bei dem zweiten untersuchten Vertreter der Gattung, nämlich *C. georgiana*, ganz anders. Hier zeigt schon das jüngste Tier (Stadium 23) bei an sich sehr ähnlicher Drüsengestalt fast nur locker verstreute Endigungen.

An den verschiedensten Tieren immer wieder einmal beobachtete kurze, reihenförmige oder kleine, gruppenartige Endigungszusammenschlüsse hinterlassen oft den Eindruck, daß keine eigenständigen Konstruktionen, sondern mehr oder weniger durch Platzmangel verursachte, zufällige Vereinigungen vorliegen. Tatsächliche *echte Mündungskollektive* finden sich dagegen bei fast allen *Bufo*-Arten, wie z. B. bei *B. viridis* (Abb. 10a), außerdem auch bei *Rana temporaria* (Abb. 10b). Beide zuletzt genannten Arten demonstrieren zugleich mehr oder weniger ausgeprägt die Möglichkeit einer Kombination zwischen reihen- und gruppenförmigen Endigungskomplexen.

Alle diese verschiedenen Befunde sind oft gekoppelt mit einer gewissen Niveauabweichung von der Hautoberfläche, und zwar gewöhnlich in dem Sinn, daß die ganze Region der Drüsenzellen, einschließlich ihrer Mündungen, gering bis stärker hervorragt. Von den einheimischen Tieren wurden in dieser Hinsicht *Rana temporaria* und *Alytes obstetricans* besonders genannt (S. 20 bzw. 26), vom exotischen Untersuchungsgut ist *Crinia signifera* am auffälligsten. Bei *Bufo bufo* ist eine Prominenz der Drüse nur ganz gering vorhanden. Sehr eindrucksvoll sind hier dagegen kleine, *grubenartige Vertiefungen* der Oberfläche im Gebiet von gruppenförmig zusammengeschlossenen Mündungen (Abb. 10c und d), denen bis etwa 12 Drüsenzellen zugehören. Letztere enden sowohl im Grund wie auch in den Wänden der umschriebenen Einsenkungen, von denen bis 35 an einem Tier gezählt wurden. In diesen Vertiefungen ließen sich gelegentlich einzelne, meist nur schwach oxyphile, homogene Sekretkugeln nachweisen (Abb. 10d), die im Verhältnis stets von erheblicher, dabei aber verschiedener Größe sind. Sonst war bei keinem Tier austretendes bzw. freies Sekret an den Drüsenzellenden mikroskopisch sicher nachzuweisen. Auch ließen sich ähnlich gebaute kleine Mündungsgruben nur noch selten feststellen *(Bufo carens)*. Aber umschriebene, flache Einsenkungen im Bereich einheitlicher Endigungskomplexe sind durchaus häufig (z. B. bei *Bufo calamita*, *B. viridis*, *Rana temporaria*). Im übrigen kann gelegentlich selbst jede Einzelmündung schon ein wenig vertieft erscheinen (z. B. bei *Rana esculenta*), — andererseits jedoch auch isoliert gering vorragen.

Die *Form der einzelnen Drüsenzellmündungen* bei den verschiedenen Tierarten gleicht oft mehr oder weniger der von *Alytes*. Sie kann ferner besonders vielgestaltig sein wie bei *Bufo viridis* (Abb. 10a) oder andererseits ziemlich einheitlich

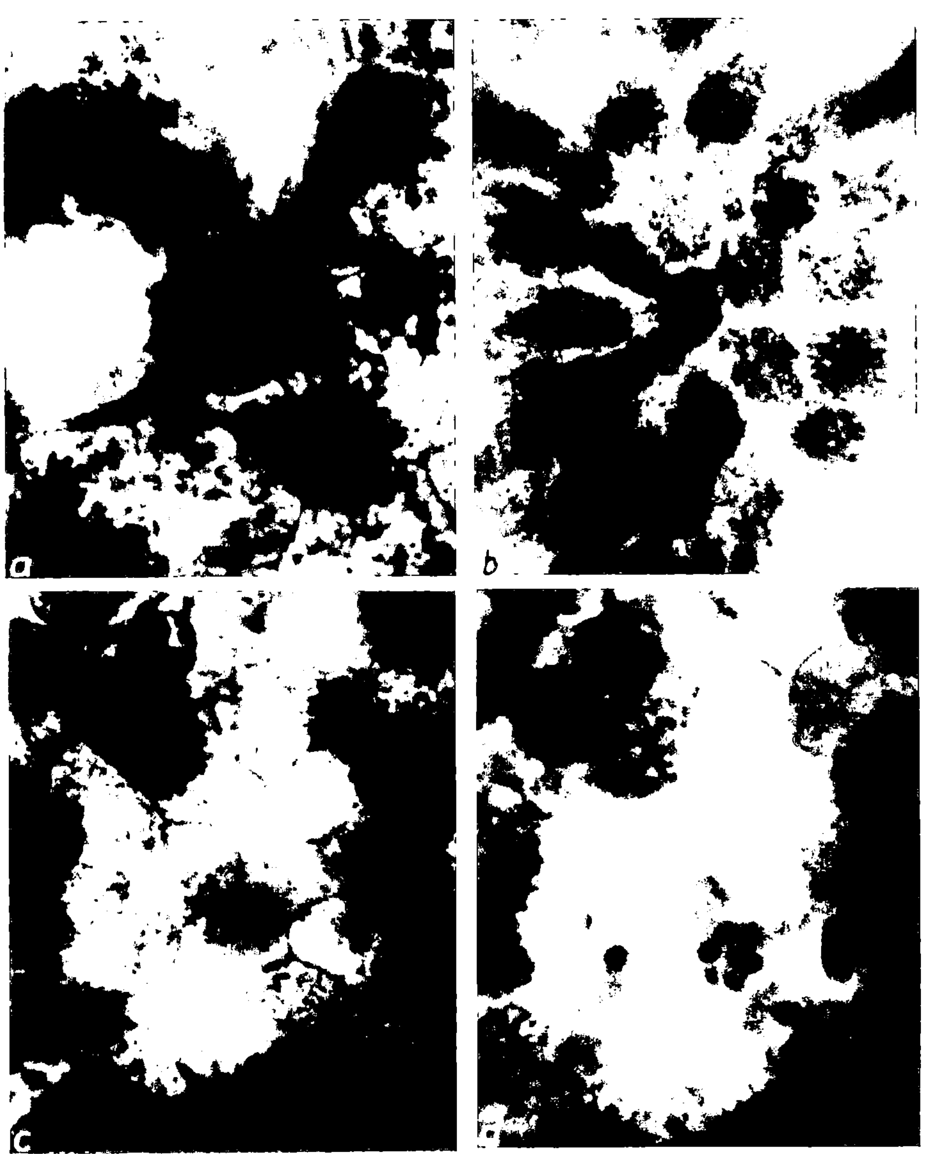

Abb. 10a—d. Formen der Mündungskollektive von Schlüpfdrüsenzellen: a bizarre Zusammenlagerung gestaltlich differenter Endigungen bei *Bufo viridis* (Stadium 22); b radiäre Zusammenordnung bei *Rana temporaria* (Stadium 25); c grubenförmige Einsenkung bei *Bufo bufo* (partiell albinotischer Embryo des Stadium 27) mit korrespondierenden Ansichten ihres Grundes und d ihres Randes; kleine, maulbeerförmige Ansammlung sehr vergrößerter (gequollener) Prosekretgranula in der Lichtung. — Aufsichtsbilder aus Totalpräparaten der Epidermis (Kopfteil der Drüse). — Bouins Fixierungsgemisch. Eisentrioxyhämatein-Bordeaux R; bei b vorherige mäßige Bleichung mit hypochloriger Säure. Planachromat HI 100/1,25, MF-Projektiv K 3,2:1, bei b Zeiss-Lichtfilter BG 33/2, sonst BG 7/3. Negativvergr. 320fach, Positivvergr. rund 1200fach

rundlich erscheinen, wie bei den *Arthroleptellen, Rhacophoriden* und *Bufo melano-stictus;* dort sind die Öffnungen zugleich stets auch noch klein. Relativ geringe Ausmaße haben die Endigungen ferner bei *Pelobates fuscus,* wo sie über längere Zeit kaum größer als 1—2 Deckplattenwaben angrenzender gewöhnlicher Außen-lagezellen sind (hier erreichen die Waben allerdings eine besondere Größe: Schultze, 1907). Polygonal und recht klein sind sie außerdem bei *Rana areolata circulosa* und *R. sylvatica.* Dagegen sind die Öffnungen der Drüsenzellen bei *Hyla brunnea,* und zwar nur diejenigen, welche sich an der Oberlippe befinden, sehr groß; zugleich ist hier die Zahl dazwischenliegender indifferenter Zellen denkbar gering. In der Rückbildungszeit können sich an den Zellmündungen bei einer Reihe von Tieren, unter anderem bei *Pelobates fuscus, Rana temporaria* und *R. sylvatica,* z. T. zuletzt wabige und körnige Strukturen bilden, wie sie für die Deckplatten indifferenter Superficialzellen charakteristisch sind. Dem geht bei *Pelobates fuscus* eine Größenzunahme des Zellendes parallel bzw. voraus.

Die sehr oft reichlich in den Drüsenzellen vorhandenen *Melaninkörnchen* fehlen meist ganz distal, können aber schon unmittelbar anschließend zahlreich sein und dadurch die Zellen besonders markieren (Abb. 9a). Grob gesehen liegt das Pigment gewöhnlich vor allem in der ganzen distalen Zellhälfte, d. h. in dem Bereich, welcher auch die Prosekretgranula enthält. Letztere sind bei starkem Melaningehalt völlig verdeckt. Unter Umständen deutet dann aber ein gewisser zusätzlicher Rotton bei PAS-Reaktion oder Bordeaux R bzw. Eosin enthaltenden Färbungen ihr Vorhandensein an. Pigmentlos sind die Drüsenelemente außer bei *Alytes* noch bei den 3 untersuchten *Rhacophoriden* (das an sich ebenfalls negative Ergebnis für *Hyla brunnea* ist möglicherweise die Folge der Bleich-wirkung des als Konservierungsmittel benutzten Glykoläthyläthers): wenig Melanin kommt in den Zellen der *2 Arthroleptellen* vor.

Die meisten Tiere besitzen in den Drüsenzellen bedeutend mehr Melanin, als im Durchschnitt in den Epithelzellen vorhanden ist. Dabei erscheinen die Ele-mente, welche cranial liegen, nicht selten noch pigmentreicher als die rückwärti-gen. Zu berücksichtigen ist jedoch, daß das Gesamtbild der Schwarzzeichnung in der Drüsenregion auch von den dortigen indifferenten Epithelzellen mitbe-stimmt wird, indem deren Pigmentgehalt gleichfalls erhöht sein kann. So neigt das craniale Gebiet unter Umständen zu einer diffuseren Schwärzung.

Unter den verschiedenen Tierarten befinden sich Vertreter, an denen schon bald *Pigmentierungsdifferenzen* zwischen den Drüsenelementen zu bemerken sind, welche im Laufe der Zeit, zusammen mit der generellen Aufhellung der Epidermis, immer deutlicher werden. Das ist unter den. daraufhin besonders betrachteten einheimischen Froschlurche in erster Linie bei allen *Raninen* der Fall. Unter den Exoten bieten z. B. *Crinia signifera, Hyla aurea, Rana pipiens* und *Xenopus laevis* ähnliches. Im übrigen lassen sich diese Differenzen in geringerem Umfang allgemeiner feststellen. Für *Rana temporaria* liegt der Beginn etwa bei Stadium 28. Bald können die Zellen hier, ihrem Pigmentierungsgrad entsprechend, summarisch in melaninreiche, dunkle (bei denen das Pigment meist im ganzen Protoplasma verteilt ist), in mittelmäßig pigmenthaltige, aufgehellte und in melaninarme, helle aufgeteilt werden (Abb. 11 b—d). Die hellen und aufgehellten Elemente erscheinen im Bereich der Drüsenarme vor allem peripher. Daher findet man sie auch in den ab Stadium 26/27 voll transparent werdenden äußeren Horn-

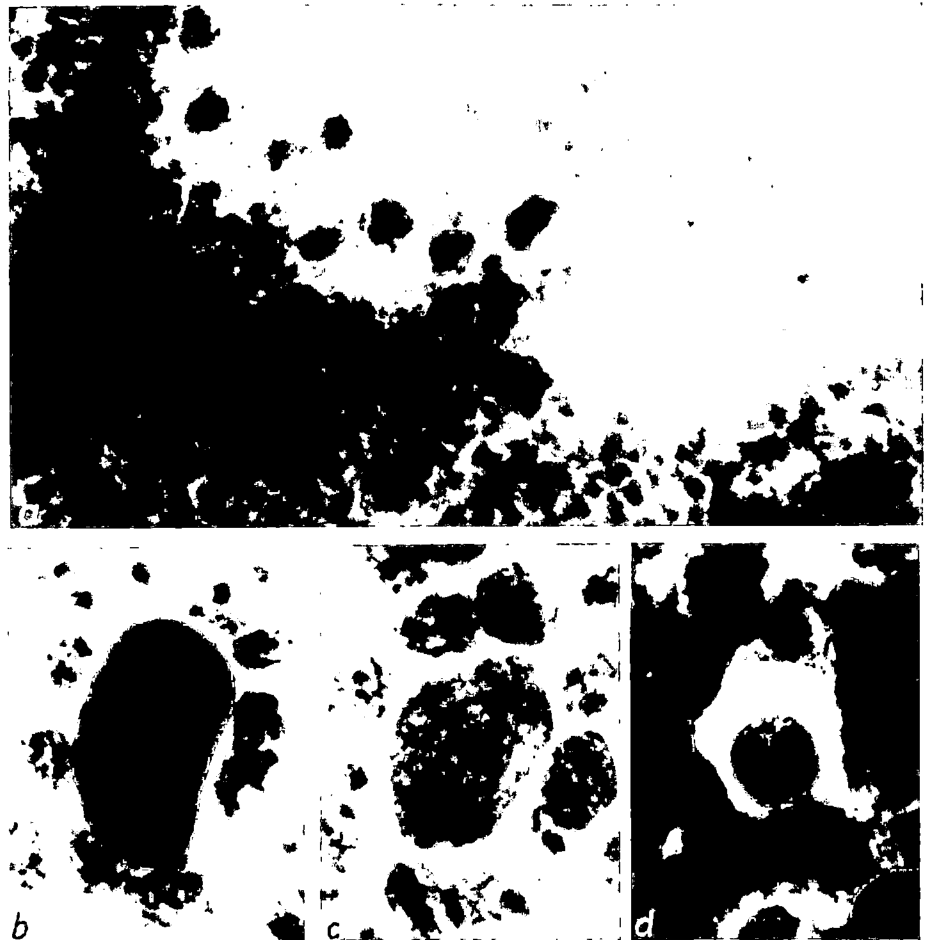

Abb. 11. a In den unteren, vorderen Corneaquadranten von *Rana temporaria* (Stadium 33) einstrahlender Arm der Schlüpfdrüse mit dunklen (melaninreichen), aufgehellten und hellen Elementen; b—d die entsprechend differenten Zellen von einem gleichartigen Tier (Stadium 37) einzeln dargestellt. — Aufsichtsbilder aus Totalpräparaten der Kopfoberhaut. — Bouins Fixierungsgemisch. Eisentrioxyhämatein-Bordeaux R. a Planachromat 16/0,32, MF-Projektiv K 3,2:1, Zeiss-Lichtfilter BG 33/2. Negativvergr. 51,2fach, Positivvergr. rund 250fach. b—d Apochromat HI 90/1,30, MF-Projektiv K 3,2:1, Zeiss-Lichtfilter BG 33/2. Negativvergr. 288fach, Positivvergr. rund 1200fach

häuten, einem Terrain, das wegen seiner Klarheit und Übersichtlichkeit für eingehende Studien besonders geeignet ist (Abb. 11 a). Im ganzen können die unterschiedlich pigmentierten Elemente hier eine Höchstzahl von 35 erreichen, wobei die hellen meist zugleich die geringste Größe haben. — Hervorzuheben ist, daß der eindeutige Pigmentverlust keinesfalls zwangsläufig irgendwie mit dem in der Regel in einiger Zeit erfolgenden Zelltod verknüpft ist. Nur ein Teil der Elemente zeigt sich nämlich beim Untergang entsprechend, der andere ist auch dann unverändert pigmentreich.

Melaninreichtum kann im übrigen selbstverständlich der raschen Feststellung von Größe, Form und Lage der Zellen sehr dienlich sein (Abb. 11). Leicht läßt sich so z. B. bei *Rana arvalis* ermitteln, daß die Elemente unter Umständen durch beide Epidermisschichten hindurch bis zur Basalmembran reichen und ihre Längsachse, sofern die Zellen randständig im „Stirnstreifen" liegen, meist schräg gestellt ist, d. h. sich dessen zentralem Teil zuneigt.

Die als Ausdruck der eigentlichen Funktion anzusprechenden speziellen körnigen Produkte, die oxyphilen, PAS-positiven *Prosekretgranula*, sind in jeder Drüsenzelle in beträchtlicher bis sehr hoher Zahl vorhanden. Ein Vergleich ihrer Größe bei den verschiedenen Tieren des Untersuchungsgutes ergibt zum Teil ganz eindeutige Unterschiede. Meist sind die Körner nur klein, z. B. bei *Bufo bufo*, *Limnodynastes tasmaniensis* und *Xenopus laevis* (Pigmentkorngröße oder etwas mehr), durchaus gröber dagegen bei den einheimischen *Braunfröschen* und *Rana pipiens*, eine besondere Größe erreichen sie bei *Crinia signifera* und *Hyla brunnea*. Auffällige intracelluläre Größendifferenzen der Körner zeigt vor allem *Crinia signifera*. Eine sehr diffuse Oxyphilie bei an sich vorhandenen feinen Granula (PAS-Reaktion) bieten die *Rhacophoriden*. Entsprechendes zeigt auch die positive Tetrazonium-Kupplungsreaktion (*R. schlegelii arborea*, Stadium 32).

Im distalen bis perinucleären Zellbereich lassen sich außerdem immer wieder kleine, unscheinbare, mehr oder weniger randständige Aufhellungen und verschieden große, scharf begrenzte *Vacuolen* in Ein- oder Mehrzahl beobachten. Erstere haben wohl mit dem Sekretionsvorgang selbst zu tun. Letztere, welche z. T. offenbar durch Konfluenz kleinerer zustande kommen können und das Bild oft in starkem Maße beherrschen, stehen auf jeden Fall einerseits mit dem Abbau von Dottersubstanz in Zusammenhang, können aber andererseits auch Ausdruck degenerativer Veränderungen sein, welche dem Zelltod vorangehen. Als normales Zeugnis der Sekretion kommen sie kaum in Betracht. *Dotter* ist übrigens in Form von sehr grobkörnigen Partikeln zunächst ein regelmäßiger Zellbestandteil. Er verschwindet dann aber z. T. bald, ganz unabhängig von den entsprechenden Verhältnissen in den indifferenten Umgebungszellen, oder er bleibt auch länger erhalten. So kommt es, daß selbst dem Tode nahe bzw. untergehende Drüsenzellen unter anderen bei *Rana arvalis* im Stadium 35 und bei *Pelobates fuscus* im Stadium 36 durchaus noch Dotterkörner enthalten können.

Der *Kern*, welcher meist exzentrisch bis direkt randständig (z. B. bei den *Rhacophoriden*) liegt, ist in der Regel im Aufsichtsbild rund und dabei häufig ähnlich konturiert und gezeichnet wie bei *Alytes*. Bei eingestreuten, ungewöhnlich großen Zellen kommt er sehr oft in Mehrzahl vor (besonders beobachtet bei *Hyla brunnea*) oder ist ausgesprochen voluminös. Die Nucleolen sind bei vielen Arten, im Gegensatz zu den Verhältnissen bei *Alytes*, auffällig groß, zeigen sich in Ein-, aber auch Mehrzahl, erscheinen öfter inhomogen und können kleine, wenig hervortretende Vacuolen einschließen; leicht erkennbare Hinweise auf Ausschleusung ihrer Substanz fehlen. Im übrigen fällt beim Vergleich der Kerne untereinander an einem Objekt immer wieder eine gewisse Differenz ihrer Höhenlage auf, wobei sich dieselbe in der Regel in den Grenzen des Zwischenbereiches zwischen Deck- und Basallagekernen hält.

Drüsenzellmitosen konnten nur bei den *Arthroleptellen* und *Hyla brunnea*, sonst aber nie in den betrachteten Entwicklungsabschnitten eindeutig gesehen werden. Auffällig waren aber immer die mit fortschreitender Zeit mehr oder weniger klare Größenabnahme der Drüsenzellen sowie besonders ein ziemlich rasches zahlenmäßiges Anwachsen von *Untergängen*. Daß letztere ehemaligen Drüsenzellen zugehören, ergibt sich aus der Tatsache, daß gelegentlich einwandfrei aus Prosekretgranula zusammengesetzte Ballen zwischen den Trümmern festzustellen waren. Sehr eindrucksvoll zeigte sich das vor allem bei dem zu dieser Zeit in der Haut noch pigmentfreien *Rhacophorus schlegelii arborea* (PAS-Reaktion).

Beim Studium der Schlüpfdrüse an Flächenpräparaten bereits geschlüpfter Tiere der Gattung *Rana* fiel vorn jederseits noch ein *besonderer, kleiner, mehr oder weniger lockerer Zellkomplex* auf, der nichts mit diesem Organ zu tun hat.

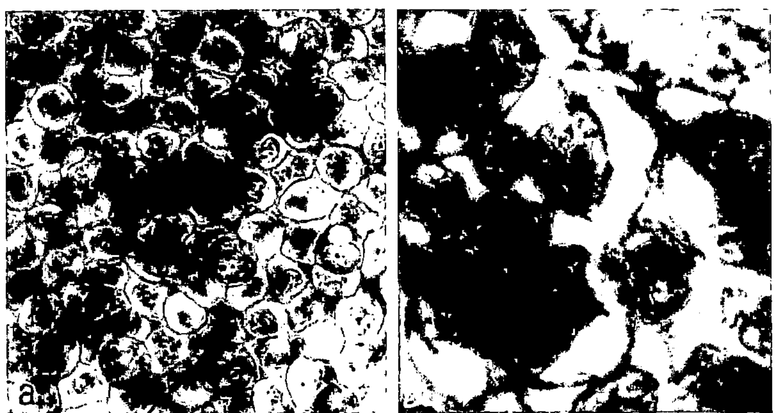

Abb. 12. a Kleine, lockere Ansammlung besonderer — wohl nervöser — Zellen der Außenlage in Nasenlochnähe bei *Crinia georgiana* (Stadium 44); b entsprechende Einzelelemente von *Rana arvalis* (Stadium 32). — Aufsichtsbilder aus Totalpräparaten der Epidermis des Vorderkopfes. — a Bouins Fixierungsgemisch. Eisentrioxyhämatein-Bordeaux R. Apochromat HI 60/1,0, MF-Projektiv K 3,2:1, Zeiss-Lichtfilter VG 4/2. Negativvergr. 192fach, Positivvergr. rund 540fach. b Bouins Fixierungsgemisch. Bleichung mit hypochloriger Säure; Eisentrioxyhämatein-Bordeaux R. Apochromat HI 90/1,30, MF-Projektiv K 3,2:1. Negativvergr. 288fach, Positivvergr. rund 1200fach

Er sitzt in dem meist schmalen Raum zwischen dem medialen Teil des hinteren Nasenlochrandes und dem korrespondierenden Vorderumfang des Drüsenarmes. Nur wenige Zellen gehören ihm an. *Rana temporaria* besitzt offenbar noch die meisten (bis 30 Zellen), *R. ridibunda* und *R. pipiens* gehören zu den Arten mit geringerer Zahl (bis 10). Lagemäßig beschränken sich die Elemente auf die Deckschicht der Epidermis und springen nicht oder höchstens ganz minimal nach außen vor. Ihr in der Aufsicht stets rundlicher, kleiner Zelleib (Abb. 12b) verdrängt in einigem Umfang die lokalen indifferenten Superficialzellen, wie aus deren seitlich verschobenen und oft der Form nach angepaßten Kernen entnommen werden kann. Deren Deckplatten schließen aber weiterhin dicht aneinander, die Hautoberfläche selbst wird von den eigenartigen Zellen also nicht ganz erreicht. In dem spärlichen, z. T. stärker melaninbeladenen Plasma, welches frei von PAS-positiven Substanzen ist, liegt exzentrisch der im Verhältnis zum Zelleib sehr große, in der Aufsicht rundliche, ziemlich schwach gezeichnete Kern. Außerdem enthält das Plasma über längere Zeit gröbere Dotterkörner und zugleich eine einzelne größere oder wenige kleinere Vacuolen, welch letztere offenbar miteinander verschmelzen können und insgesamt mit der Dotterresorption zusammenhängen dürften. Sie markieren den Sitz der Zellgruppe oft schon bei schwacher Vergrößerung. Mit dem allmählichen Verschwinden der Vacuolen werden die Elemente unscheinbarer, wenn auch ein heller Schimmer über ihnen noch einige Zeit andauern kann und außerdem bei stärkerem Pigmentgehalt eine gewisse Markierung bleibt. Erwähnenswert ist noch, daß die zu dieser Zeit in der Oberhaut der genannten Tiere sozusagen ubiquitären Flimmer- und Stiftchenzellen durchaus auch in nächster Nähe der behandelten Zellen vorkommen. Sie überleben im übrigen teilweise eindeutig die in Reichweite liegenden Schlüpfdrüsenzellen, verschwinden im ganzen aber gleichfalls bald.

Nach Vergleichsuntersuchungen ist der behandelte Zelltyp, außer bei den verschiedenen Angehörigen der Gattung *Rana*, vermutlich auch bei den 3 übrigen betrachteten *Raniden*, d. h. bei *Phrynobatrachus natalensis* und den beiden *Arthroleptellen* (durchaus unsicherer Befund), vorhanden. Ferner findet er sich am gleichen oder wenig verschobenen Ort bei der im System benachbarten Familie der *Rhacophoriden*, also bei den 3 eingehend studierten *Rhacophorus*-Arten und bei *Hyperolius melanoleucus*, wie auch bei 2 zusätzlich herangezogenen entsprechenden Vertretern, nämlich *Rhacophorus pardalis* und *Afrixalus fornasinii*, und zwar bei den letzteren in dem jüngsten zur Verfügung gewesenen Entwicklungsstadium (41 bzw. 39). Eindeutig positive Befunde boten außerdem die zu den *Leptodactyliden* gehörenden 2 *Crinia*-Arten (Abb. 12a), während die Entscheidung für den hier ebenfalls hergehörenden *Limnodynastes tasmaniensis* bei den wenigen vorhanden gewesenen Exemplaren offen bleiben muß. Schließlich ließen sich die Elemente mit gewisser bis weitgehender Sicherheit auch bei den daraufhin genauer untersuchten 3 einheimischen *Bufo*-Arten sowie bei *Pelobates fuscus* (Stadium 37) nachweisen. Zu keiner wirklichen Klarstellung führten die Analysen bei *Alytes*, obgleich sich in den Stadien 31—35 wieder ganz vereinzelte, entsprechend verdächtige Elemente darstellten, die in ihrem spärlichen Plasma stets pigment-, dotter- und vacuolenfrei waren.

Da die *Sonderzellart* bei den *Froschlurchen* systematisch offenbar ausgesprochen breit vertreten ist, liegt es nahe, daß weitere Studien bald Ergänzungen bringen werden, eingeschlossen solche, die das nicht voll bearbeitete Tiermaterial dieser Arbeit betreffen. Zu berücksichtigen ist im ganzen, daß der Nachweis durchaus schwierig sein kann, wie sich gerade auch bei allen zuletzt genannten Tieren zeigte. Das liegt an der kleinen Zahl der Elemente und ihrem Sitz in der oberen und medialen Nasenlochregion, die cellulär z. T. nicht leicht zu differenzieren ist. Außerdem ist vorweg schon die Herstellung der dazu nötigen Flächenpräparate manchmal sehr kompliziert.

Rhacophorus schlegelii arborea und *R. s. schlegelii*, die im Entwicklungsstadium 30 bzw. 34 jederseits immerhin wie *Rana temporaria* rund 30 entsprechende Zellen besitzen, lieferten Befunde, welche der Klärung der funktionellen Bedeutung dienlich sind. Ein Teil von ihnen zeigt nämlich einen deutlichen, rundlichen Außenanschluß von der geringen Größe einer Deckplattenwabe. Darin stellt sich gelegentlich eine feine, fadenförmige, oxyphile Verdichtung dar, welche sich nur wenig in die Tiefe verfolgen läßt *(R. s. schlegelii)*. — Zu erwähnen ist schließlich, daß bei *R. schlegelii arborea* jederseits einige derartige Elemente, jedenfalls noch im

Stadium 39, und bei *Crinia georgiana* sogar in spätlarvaler Zeit, d. h. im Stadium 46, nachzuweisen waren.

Von anderen Spezialzellen der Haut verhält sich die *Flimmerzelle* topographisch im ganzen so zur Schlüpfdrüse, wie es für *Alytes* festgestellt worden ist. Gelegentlich sitzen am Drüsenrand das distale Ende eines derartigen Elementes und das einer Drüsenzelle direkt nebeneinander. Auch die für die *Raniden* (und zwar die *Raninen*) sowie die *Rhacophoriden* offenbar recht bezeichnende *Stiftchenzelle* (Meyer, 1962) und die für die *Bufoninen* charakteristische *Kugelzelle* (Meyer, 1962; Schierhorn, 1968) fehlen im eigentlichen Organ, können aber ebenfalls in seiner Peripherie hin und wieder vorkommen und nach seinem Verschwinden, in gleicher Weise wie *epitheliale Melanophoren*, im ganzen alten Areal angetroffen werden. Zur Stiftchenzelle ist übrigens hinsichtlich ihres Vorkommens zu ergänzen, daß sie in z. T. deutlich modifizierter Form auch bei den *Arthroleptellen* und den 3 analysierten *Leptodactyliden* (2 *Crinia*-Arten, *Limnodynastes tasmaniensis*) zu finden ist.

Die drüsige *Schaltzelle*, welche in der Epidermis der Froschlurche der entsprechenden Entwicklungsperiode breit vertreten ist (Meyer, 1962), meidet das Schlüpforgan gleichfalls. Besonders bemerkenswert sind bei ihr die mit dem frühen Auftreten gelegentlich zugleich klar sichtbaren Zeichen funktioneller Aktivität (intracelluläre feine, gewöhnlich nur schwach oxyphile Prosekretgranula). Zudem ist die kleine Zelle öfter stärker pigmenthaltig und besitzt außerdem für einige Zeit einen ansehnlichen Dottervorrat. Bevorzugt lokalisiert scheint sie in der hinteren Körperhälfte zu sein, wobei die Gesamtzahl zunächst gering ist, aber bald, offenbar durch Mitosen, ansteigt (zahlreichere unverkennbare Schaltzellmitosen bot u. a. ein *Rana esculenta*-Embryo des Stadium 24: Meyer, 1962). Mehr oder weniger eindeutig zu sichern war die Zelle z. B. bereits im Stadium 19 bei *Pelobates fuscus*, im Stadium 21 bei *Bufo viridis*, im Stadium 23 bei *Xenopus laevis* sowie *Rana esculenta*, im Stadium 24 bei *Bufo bufo* und im Stadium 25 bei *Hyla arborea*. Erwähnt werden muß dazu, daß die Klärung darunter leidet, daß in so früher Entwicklungszeit der Pigment- und Dottergehalt gewöhnlich allgemein hoch sind und sich die distalen Zellenden unklar abgrenzen. — Ihre höchste Zahl erreichen die Schaltzellen sicher oft erst in der Phase vorgeschrittener Schlüpfdrüsenrückbildung oder noch etwas später; unter Umständen existiert der Zelltyp die ganze Larvenzeit hindurch (*Pelobates fuscus*: Meyer, 1962). Besonders angemerkt sei abschließend, daß die Schaltzelle eindeutig auch bei den *Arthroleptellen* (*A. bicolor*: Stadium 40 und 48) vorkommt, bei welchen Tieren das Schlüpfen, verglichen mit ihrem Entwicklungszustand, ja erst spät erfolgt.

VI. Besprechung der Befunde

Auf Grund der Ergebnisse der eigenen und fremden Untersuchungen erscheint es am zweckmäßigsten, das behandelte epidermale Organ seiner Funktion entsprechend als *Schlüpfdrüse* zu bezeichnen, wie es schon Bergeot und Wintrebert (1926) sowie Wintrebert (1928) getan haben und z. T. auch von Yanai (1950, 1958) und anderen Seiten geschieht. Die bisher meist gebrauchten Termini, welche die Topographie voranstellen, nämlich „Frontaldrüse", „Dorsaldrüse" und ähnliche, sind im ganzen gesehen zumindest unscharf, im Einzelfall z. T. aber darüber hinaus durchaus unzureichend. Der Ausdruck „Stirn"- bzw. „Frontal-organ" gibt zudem zu Verwechslungen Anlaß, da ein Teil des Pinealkomplexes schon so heißt (s. z. B. Winterhalter, 1931; Oksche, 1952, 1965). Daß im übrigen tatsächlich die behandelte Drüse und nicht etwa, der Meinung von Fernandez-Marcinowski (1921) entsprechend, der Haftapparat (Haftorgan, Spinndrüsen) für das Schlüpfen bedeutungsvoll ist, läßt sich am Hauptobjekt dieser Arbeit, *Alytes obstetricans*, sehr einfach belegen, da ihm jene Einrichtung vollständig fehlt.

Bei Außerachtlassen von Detailfragen stellt sich die Drüse am Körper der Tiere am häufigsten in Form eines *dorsomedianen Längsstreifens* dar. Nobles anderslautende Äußerung (1931) trifft nicht zu. Als Ausnahme erscheint eine völlige Beschränkung auf das Gesicht (dorsale Kopfregion) mit dort evtl. eben noch zu ahnendem Mittelstreifenrest, — also Verhältnisse, wie sie *Alytes* bietet. Anstelle des bei diesem Tier von den alten Autoren in topographischer Hinsicht benutzten Attributes „Stirn" sollte aber besser die Umschreibung „interoculo-nasal" von Bergeot und Wintrebert (1926) bzw. Wintrebert (1928) treten. Zwischen den eben genannten 2 weitgehend gegensätzlichen Drüsenlokalisationen nimmt *Xenopus laevis* in gewissem Umfang eine Zwischenstellung ein, weil seine Schlüpf-drüse einerseits weitgehend auf den Kopf beschränkt ist und andererseits einen durchaus markanten, kurzen, medianen Längsteil hat. Die Existenz des letzteren ist Bles (1905) bei seiner Feststellung des frontalen, transversalen Zellbandes ganz verborgen geblieben (wenn die Abb. 15, Tafel III, seiner Arbeit auch eine Andeutung in Form besonderer Pigmentierung gibt). In gleicher Weise haben später noch Peter (1931) und Weisz (1945) die Drüse unvollständig interpretiert.

Genauer gesehen, sind die längs der Dorsomedianlinie zusammenliegenden Drüsenzellen im Gesichtsbereich und dabei vor allem an der „Kopfspitze" in der Regel vermehrt. Das kann bedeuten, daß sich der drüsige Längsstreifen hier *vorn aufgabelt*, wie es z. B. bei *Xenopus* der Fall ist. Die Gesamtgestalt der Drüse sieht dann bei Projektion in die Ebene des dorsomedianen Zellstreifens einem zweiarmigen Schiffsanker ähnlich, kann aber auch Y- oder T-förmig erscheinen (welche Formen Yanai wiederholt nennt). Die weitgehend querliegenden Drüsen-arme können im übrigen das Gesamtbild vollständig beherrschen, — was z. B. Jaensch (1921) bei *Rana temporaria* zu einem Übersehen des an sich vorhandenen Mittelstreifens veranlaßte. Auch Kopsch (1952) kennt hier nur den „Stirn-streifen".

Von der intensiven *Pigmentation* und der gewissen *Prominenz* des Organs, welche Jaensch an seinem Material hervorhebt, hat erstere allgemeinere Bedeu-tung, während letztere wiederholt gesehen wurde. Der auffallende *Melanin*-Gehalt, den Yanai (1951 c) mit der besonderen Herkunft der Zellen in Verbindung bringt, verrät die Drüse sehr oft schon äußerlich. Es ist jedoch sicher, daß die betonte Dunkelfärbung in dem typischen Bereich auch von gewöhnlichen Epithelzellen verursacht werden kann.

Zweifellos hat die von Peter (1901) u. a. hervorgehobene starke Pigmentation des Bereiches der medianen Verschlußlinie des Neuralrohres durchaus auch mit den melaninreichen Drüsen-zellen zu tun.

So ließen sich an den kurzen, nasengrubenwärts verlaufenden Schenkeln der pigmentierten Y-Figur bei frühen *Pelobates*-Keimen kaum Drüsenzellen nachweisen.

Dasselbe gilt für die entsprechende Bildung von *Discoglossus pictus*, die Manfredonia (1937) und Siggia (1937) beschäftigt hat. Völlig pigmentfrei sind die Drüsenzellen von *Alytes* und den eingehend betrachteten 3 *Rhacophoriden*. Bei *Rhacophorus schlegelii arborea* hat Yanai (1953) Entsprechendes ausdrücklich erwähnt, während er (1958) das Gegenteil bei *R. (Polypedates) buergeri* feststellte. In bezug auf *Alytes* ist die Äußerung von Bergeot und Wintrebert (1926) über eine deutlich stärkere Pigmentierung der Stützelemente der Drüsenzellen unzutreffend: auch sie sind immer pigmentfrei. Die einzigen Melanin enthaltenden Oberhautzellen sind hier — von gewissen Wanderzellen abgesehen — die im Stadium 33 erstmals dunkel erscheinenden intraepithelialen Melanophoren. Das gilt für den genau betrachteten Entwicklungsabschnitt und noch eine gewisse weitere Zeitspanne, normale Verhältnisse vorausgesetzt.

Bei bestimmten Arten stellen sich überraschende *Beziehungen zwischen den Drüsenelementen und dem Seitenliniensystem* dar, und zwar teilweise in Kombination mit der bevorzugten Bindung der Drüsenzellen an die dorsale Mittellinie, teilweise aber auch weitgehend getrennt davon. Zu nennen sind hier *Alytes*, die *Arthroleptella*-Arten und die *Rhacophoriden*. Das Maximum in dieser Richtung bietet unter dem analysierten Material *Rhacophorus maculatus*. Bei ihm korrespondieren die Drüsenzellen in wechselndem Ausmaß mit fast allen Seitenlinien, während die Dorsomediangegend beinahe leer ist. Die *Rhacophorus*-Analysen von Saguchi (1915) und Yanai (1953, 1958) führten nicht zur Klarstellung eines entsprechenden Zellverhaltens. Aus Bild und Text bei Saguchi läßt es sich aber doch vermuten, wenn seine Befunde mit den in der vorliegenden Arbeit gewonnenen verglichen werden. Darüber hinaus ist sogar ein Rückschluß auf die engere Systematik der im einzelnen ungenannt gebliebenen *Rhacophorus*-Art möglich: wenn Saguchi seinerzeit eine der 2 hier untersuchten Subspecies von *R. schlegelii* zur Verfügung gehabt hat, dann kann es sich nur um *R. schlegelii arborea* gehandelt haben. Dafür spricht die topographische Verteilung der Drüsenzellen (Vorkommen in der Gegend der Infraorbitallinien auf seiner Fig. 2, S. 313).

Die hieraus abzuleitende *systematische Bedeutung der Drüsenmorphologie* führt bei Berücksichtigung aller Daten zu der Feststellung, daß die Gestalt des Organs bei Ausklammerung vorhandener Sonderfälle *(Alytes, Hyla brunnea, Arthroleptellae)* einen gewissen allgemeineren taxonomischen Wert hat. Natürlich sind aus der relativ sehr geringen Zahl voll analysierter Arten vorerst nur Hinweise und erste Einblicke zu gewinnen gewesen.

Den eigenen Untersuchungen zufolge stellt sich die Drüse bei den *Discoglossiden* (2 *Bombina*-Arten, *Discoglossus pictus*), den *Pelobatinen* *(Pelobates fuscus, Pelodytes punctatus)* und den *Bufoninen* (8 *Bufo*-Arten) als *einfacher dorsomedianer Zellzug* dar. Die dabei zugleich fast immer vorhandene Tendenz zur Verbreiterung seines Vorderendes ist bei *Pelobates fuscus* am ausgeprägtesten. Sie kann aber noch zunehmen, wie der zu den *Leptodactyliden* gehörende Schaumnestbauer *Limnodynastes tasmaniensis* beweist, wobei ein Drüsenbild eigenen Gepräges resultiert. Für alle übrigen in Betracht kommenden Tiere des Untersuchungsgutes ist eine andersartige Betonung des Gesichtsteiles der Drüse charakteristisch, welche am Flächenpräparat eine mehr oder weniger *ankerähnliche Gestalt* des Gesamtorgans zur Folge hat (von den gerade erwähnten Besonderheiten der Gattung *Rhacophorus* wird in diesem Zusammenhang abgesehen). Entsprechend der Länge der Ankerarme sind dann 2 Gruppen zu unterscheiden: kurzarmig ist die Drüsenfigur bei 8 *Raniden* (7 *Rana*-Arten, einschließlich der beiden einheimischen *Grünfrösche*, und 1 *Phrynobatrachus*-Art) sowie 2 *Hylinen* (*Hyla*-Arten), langarmig ist sie dagegen bei 4 *Raninen* (sämtlich *Rana*-Arten, mitsamt den 3 einheimischen *Braunfröschen*), 2 *Leptodactyliden* (*Crinia*-Arten) und 1 *Rhacophoride* (*Hyperolius*-Art). Durch Yanais Feststellungen vermehren sich beide Gruppen noch um 3 *Rana*-Arten (1951a—c) bzw. um 1 *Rana*-Art (1952b), und es bestätigen sich außerdem die hier erhobenen Befunde an 2 weiteren Unterarten (1952a, Yanai und Takayanagi, 1958). Zu erwähnen sind an dieser Stelle auch die beiden *Pipiden Xenopus laevis* und *Hymenchirus boettgeri*, deren Drüsenarmenden nicht, wie üblich, corneawärts, sondern bei *Xenopus* auffällig und bei *Hymenochirus* eben angedeutet oralwärts gerichtet sind und die zudem nur einen kurzen Drüsenschaftteil besitzen. Letzterer Befund ähnelt sehr dem der beiden untersuchten *Bombina*-Arten, da ihr dorsomedianer Zellzug gleichfalls nur bis zur Höhe des Beginns der dorsalen Rumpfseitenlinien caudalwärts reicht. Schließlich sei noch auf die Artspezifität des Ankerbildes (räumliche Beziehungen zu den Augenhügeln bzw. den sich bildenden Hornhäuten) bei den hiesigen 3 *Braunfrosch*-Arten hingewiesen.

Wie die vorstehende Übersicht der verschiedenen Drüsenformen und ihrer Träger zeigt, besteht an einer gewissen systematischen Ordnung gar kein Zweifel. Daß die Gruppierung in dieser Hinsicht nicht detaillierter ist, kann als Ausdruck einer an sich recht großen *topographischen und formalen Stabilität* des Organs aufgefaßt werden. Eine systematische Gliederung läßt sich außerdem auch den *Drüsenzellzahlen* des einheimischen Materials entnehmen (außer Betracht bleibt der Sonderfall *Alytes*). Wie die Tabelle 3 (S. 36) zeigt, haben die 3 Angehörigen der Gattung *Bufo* die niedrigsten Werte, in gewissem Abstand folgen die 2 *Bombina*-Arten; die höchsten Werte besitzen die 5 *Rana*-Vertreter, wobei die *Grün*- und *Braunfrösche* unter sich sehr stark differieren. Beim Blick auf Yanais Zahlenangaben fällt bei seinen *Rana*-Arten gleichfalls große Verschiedenheit auf. Im übrigen ist der Wert dieser Ergebnisse, da sie auf Schnittserien beruhen, gemindert, wie dem genannten Forscher selbst durchaus bewußt ist (Yanai und Takayanagi, 1958).

Bei den *Sonderfällen*, die mit Abarten der Brut- und Ernährungsbiologie zusammenhängen, bestimmen *Adaptations- und Konvergenzerscheinungen* das Bild. So zeigt *Alytes*, im Gegensatz zum offenbaren Drüsentyp seiner Familie, ein nur auf den Vorderkopf beschränktes, mächtiges Organ, welches in ähnlicher bzw. vergleichbarer Weise auch die *Arthroleptellen* und *Hyla brunnea* besitzen. Zugleich ist die Zahl der Drüsenzellen bei allen diesen Tieren außerordentlich hoch, ganz an der Spitze der analysierten Exemplare steht *Alytes*.

Konzentration und Ausbau der Drüse im Gesicht haben neue morphologische Verhältnisse geschaffen. So liegt der vorderste Teil des Organs nicht mehr, wie sonst üblich, etwa in der internaralen Region, sondern oralwärts davon. *Hyla brunnea* bietet darin Extremes, wird bei ihr doch sogar die Oberlippe weitgehend von Drüsenzellen besetzt. Allerdings gründet sich dieser Befund auf Exemplare, deren Schlüpfzeit schon zurückliegt. Trotzdem besteht, wie auf S. 25 erörtert ist, guter Grund, die Tatsache in diesem Rahmen abzuhandeln: das Tier benutzt sehr wahrscheinlich seine weiterentwickelte Schlüpfdrüse für kannibalistische Zwecke, indem es mit ihrer Hilfe Eihüllen fermentativ aufschließt, um zu seiner eigentlichen Nahrung zu gelangen. Bei dieser speziellen Ernährungsweise reichen also im groben Bereich liegende Anpassungen, wie eine Modifikation des Mundfeldes, der Kiefer samt ihrer Muskulatur etc. (Noble, 1929, 1931), nicht aus. Bei den in ihrer Entwicklung rein terrestrischen, spät schlüpfenden *Arthroleptellen* sind die Drüsen keinesfalls voll auf das Gesicht beschränkt, wenn dort auch ihr absoluter Schwerpunkt liegt. Als topographische Besonderheit muß bei ihnen das Vorkommen entsprechender Elemente im Anschluß an die Unterlippe angesehen werden. Ähnliches wurde sonst nur noch bei *Rhacophorus maculatus* gefunden.

In diese Reihe gehört der Literatur zufolge offenbar auch der primitive Froschlurch *Leiopelma archeyi*, welcher sich in seiner Eihülle vermutlich sowohl auf feuchtem Land wie auch im Wasser entwickeln kann (Stephenson, 1955). Aus den Feststellungen des eben genannten Autors (1951) geht hervor, daß die an sich wie gewöhnlich in der Rückenmittellinie orientierte Schlüpfdrüse im dorsalen Kopfbereich besondere Ausmaße aufweist.

Eine allgemeine Betrachtung zeigt, daß das Schlüpfen und somit auch die *Hauptaktivitätszeit* der Schlüpfdrüse zur Embryonalperiode der Tiere gehört. Für die Larvenperiode fehlen zu dieser Zeit stets noch, zumindest gewisse, obligate Kriterien. Am Beginn der Larvenphase sollen nach den Definitionen in einer Anzahl von Normentafeln der Entwicklung (s. die Zusammenstellung bei Meyer und Aurin, 1965) jedenfalls die äußeren Kiemen verschwunden sein, die Hintergliederknospen zu erscheinen beginnen und die Nahrungsaufnahme sowie das aktive Umherschwimmen anfangen. Hinsichtlich des genauen Entwicklungszustandes beim Schlüpfen bestehen allerdings gewisse Differenzen unter den Tierarten, worauf nach Noble (1927), Wintrebert (1928) u. a. in jüngerer Zeit wieder Detlaf (1948), Kawahara (1952a), Volpe (1957) und Gosner (1960) hingewiesen haben. Beim Vergleich der Verhältnisse unter den einheimischen Vertretern schlüpfen *Pelobates fuscus* und die 3 *Bufo*-Arten im unreifsten Zustand. Die *Bombina*- und *Rana*-Arten sowie *Hyla arborea* verlassen ihre Hüllen zwischen Stadium 23 und 26. Die höchste Entwicklungsstufe zeigt *Alytes* (Stadium 34—37), wie schon lange bekannt ist. Hervorgehoben werden muß noch für *Pelobates* und die *Bufo*-Arten, daß das *Schlüpfen* bei ihnen *in 2 Etappen* vor sich geht (Detlaf, 1948, und eigene Beobachtungen; für eine japanische Unterart von *Bufo bufo*: Yanai, 1950; Kawahara, 1951, 1952a; Kobayashi, 1954a und c). Da in der ersten Etappe die eigentliche Drüse noch nicht vorhanden ist, müssen hier andere Umstände maßgebend sein. Welcher Art sie sind, ist einigermaßen ungewiß (Yanai, 1950; Kawahara, 1951, 1952a, 1953; Kobayashi, 1954a und d).

Ein besonderes Problem stellt die *Genese* der Drüse dar. Nach alter, auf rein deskriptiver Basis zustande gekommener Auffassung entstammt sie dem Ektoderm bzw. der aus ihm mit Eintritt der Zweischichtigkeit gebildeten Epidermis. Dabei werden die Drüsenzellen gewöhnlich von der Deckschicht abgeleitet, wie nach den Forschern um die Jahrhundertwende auch Beccari (1914), Goda (1929) und zuletzt nochmals Kopsch (1952) sowie Peter (1957) meinen. Saguchi (1915) ist der gleichen Ansicht bei *Rana esculenta*, hält aber bei *Hyla* und *Rhacophorus* die Basallage für verantwortlich, womit er seine schon von Yanai (1953) für falsch gehaltene Vorstellung einer entsprechenden echten Differenz der Drüsenzellen wesentlich begründet hat.

Yanai, der von Anfang an der Herkunft der Drüsenzellen Aufmerksamkeit mitgeschenkt hat, vermutet, daß sie nicht an Ort und Stelle gebildet werden, sondern sich von den Neuralleisten (und der Neuralplatte) herleiten. Er entnimmt das seinen, an verschiedenen Tierarten, auch in Verbindung mit entwicklungsphysiologischen Experimenten (Yanai, Ouji und Omura, 1953; Yanai, Ouji und Iga, 1955, 1956) durchgeführten, histologischen Untersuchungen. Nicht induktive Vorgänge, sondern intraepidermale Zellimmigrationen auf der Schließungslinie des Neuralrohres sollen ausschlaggebend sein. Kobayashi (1954a) fand für diese Vorstellung keine entscheidenden Beweise.

Die in der vorliegenden Arbeit bei einzelnen Arten beobachtete besondere Topographie der Drüsenelemente verspricht begrenzten neuen Aufschluß. Es handelt sich um die auffällige, wenn auch dem Grad nach wechselnde Beziehung zum Seitenliniensystem, welche in einer fast totalen Kongruenz bei *Rhacophorus maculatus* gipfelt. Diese Eigentümlichkeit des Drüsenbauplanes läßt hier an eine gemeinsame, d. h. plakodale Abkunft denken. Das zuständige Material der Dorsolateralplakoden wäre dann zur Lieferung auch derartiger nicht nervöser Strukturen befähigt, — was zugleich bedeuten würde, daß sich der Plakoden-Begriff in dem von Ortmann (1943) vertretenen Sinn erweitert. Im ganzen wird eine experimentelle Weiterarbeit mit diesem Spezialtyp der Drüsen-zellokalisation die Klärung der Genese zweifellos fördern.

Zum Entstehungsbild der Drüse gehören noch einige Worte über die Vermehrung ihrer Zellen. Nach Yanais Feststellungen (1951c, 1953 sowie Yanai, Ouji und Omura, 1953) soll dabei ausschließlich das Einwandern neuer Zellen in die Hautdecke von der Neuralleiste her eine Rolle spielen: mitotisches Wachstum fehlt intraepidermal vollständig. Gleichfalls negativ haben sich vorher schon Beccari (1914) und Siggia (1937) geäußert. Im Gegensatz dazu bezeugen die breiten Analysen am *Alytes*-Material dieser Arbeit das ganz eindeutige Vorkommen von *Mitosen*, und zwar sowohl in der Aufbau- wie auch der Rückbildungs-phase der Drüse. Davon hat die zuletzt genannte Tatsache natürlich eine besondere Bedeutung, worauf gleich noch zurückzukommen sein wird. Klare Mitosen von Drüsenzellen fanden sich ferner bei den *Arthroleptellen* sowie bei *Hyla brunnea* (hier, wo ja im ganzen einzigartige Verhältnisse vorliegen, vielfach bei schon stark herangewachsenen Larven). Die *Masse der Froschlurche* bot in dem zumeist betrachteten Zeitraum, d. h. den Phasen der Haupttätigkeit und der Regression ihrer Schlüpfdrüse, nichts Derartiges. Aber gar nicht selten fanden sich Zeichen, welche als Ausdruck einer voraufgegangenen und vielleicht nicht allzu lange zurückliegenden Zellteilung gewertet werden können. Gemeint ist eine auffallende lagemäßige Zuordnung von jeweils 2 Zellmündungen zueinander, welche das Bild von Zellpaaren hervorruft, wie es von Schaltzellen durchaus bekannt ist (Meyer, 1962). Bemerkt sei abschließend noch, daß Saguchi (1915) und Yanai (1951c) bei degenerierenden Drüsenzellen auch direkte Zellteilungen erwähnen.

Die Drüse beginnt nach Yanai (1951b) bereits früh zu sezernieren, d. h. schon unmittelbar nach der Bildung des Organs. Bei *Alytes* ist das Stadium 30 zu nennen, wenn als Aktivitätsindiz das Vorhandensein von Prosekretgranula in den Zellen angenommen wird (beinahe Entsprechendes würde für *Arthroleptella bicolor* gelten, einem Tier, das bei sehr rascher Entwicklung besonders spät schlüpft).

Jedoch ist dieses morphologische Kriterium an sich nicht ausreichend, weil Körnchengehalt nicht unbedingt zugleich auch Sekretextrusion bedeuten muß. Letztere bleibt hier aber verborgen, — sie wäre erst experimentell nach der Verfahrensweise von Cambar (1953) aufzudecken. Bei anderen Tierarten ist das freigewordene *Sekret* bzw. der Austritt desselben aber erkennbar, wie sich in dieser Untersuchung bei *Bufo bufo* zeigte und Saguchi (1915) auch für seine Anuren dargelegt hat (wobei jedoch hinsichtlich *Rhacophorus* und *Rana esculenta* den Abbildungen nach die Möglichkeit einer Verwechslung mit Stiftchenzellen nicht auszuschließen ist). Bei *Rhacophorus schlegelii arborea* hat Yanai (1953) Entsprechendes festgestellt. Eine grobe Sichtbarkeit des geronnenen Sekretes ist im übrigen von Bles bereits 1905 für *Xenopus laevis* erwähnt worden. Der adäquate Befund von Jaensch (1921) bei lebenden wie fixierten *Rana temporaria*-Embryonen konnte allerdings durch hier vorgenommene stereomikroskopische Nachuntersuchungen nicht klar bestätigt werden. Fernandez-Marcinowski (1921) fand bei keiner der von ihr betrachteten fremdländischen Arten eine faßbare Sekretabsonderung.

Den Zellbildern nach beendet das Organ seine Tätigkeit keinesfalls sofort nach dem Schlüpfen (was sicher für ein endgültiges Freiwerden von Keimlingen aus der Tiefe eines Laichballens bedeutungsvoll ist). Im ganzen gesehen, treten in der Regel aber doch bald *Rückbildungstendenzen* in Erscheinung, welche zunächst meist nur einzelne Elemente betreffen. Zweifellos ist der *Tod der Zellen* der gewöhnliche Ausgang. Er kann sich bereits anbahnen, bevor die Sekretionsprodukte vollständig ausgeschleust sind, was offenbar auch schon Saguchi (1915) gesehen hat. Im übrigen werden die untergegangenen Elemente zuletzt keinesfalls nach außen abgestoßen, sondern nach ökonomischen Prinzipien aufgearbeitet. Unter besonderen Umständen scheint zudem die Möglichkeit des Überlebens der Drüsenzellen in Form einer *metaplastischen Umwandlung* in indifferente Epidermiszellen (Außenlageelemente) zu bestehen. Die Feststellungen bei *Alytes*, zu denen auch das auf S. 32 erwähnte Vorkommen eindeutiger Mitosen der Drüsenzellen in der Spätzeit gehört, sind anders nicht zu erklären. Der gleichzeitige Untergang vieler, hier eng beieinanderliegender Drüsenzellen würde im übrigen einen durchaus nachteiligen Verlust an lebender Oberfläche, d. h. an wirksamer Barriere gegen pathogene Mikroorganismen bedeuten. Bei anderen Tierarten wurden gleichfalls gelegentlich Bilder gesehen, die als Ausdruck einer Zellverwandlung im Sinne einer Entdifferenzierung zu werten sind, hier aber, ohne daß der Gedanke an einen zu verhindernden Defekt der Oberfläche sich in gleicher Weise behaupten kann (z. B. an locker verteilt liegenden Drüsenzellen von *Pelobates*). Saguchis Äußerungen gehen z. T. nachdrücklich in Richtung eines Verlustes der Spezialfunktion; denn bei *Rana esculenta* sollen Rückdifferenzierungen der Elemente in Basalzellen im Vordergrund stehen.

Nach der auf Bonnet (1914) basierenden Einteilung von Peter (1920) handelt es sich bei der Schlüpfdrüse um ein *Vollorgan*, welches den *transitorischen Embryonalorganen* zugerechnet werden muß und gewöhnlich höchstens den Beginn der Larvalperiode erreicht. Ontogenetisch ausgedehntes Bestehen kommt offenbar nur bei gewissen Sonderfällen vor, nämlich bei den sich sehr rasch entwickelnden *Arthroleptellen* und bei *Hyla brunnea*; letztere bietet zugleich deutliche Zeichen der Anaplasie des Organs. Eine unter Umständen als längere Teilerhaltung zu deutende Feststellung Yanais (1951 c) bei *Rana n. nigromaculata* muß nach den hier erhobenen Befunden nachgeprüft werden. Die vom gleichen Autor (1950) für *Bufo bufo formosus* geäußerte Ansicht des Überganges in eine Drüse andersartigen Typs, welche bis in die Metamorphose hinein tätig sein soll, d. h. ein Verhalten im Sinne eines Wechselorgans (Bonnet, 1914; Peter, 1920) zeigen würde, konnte bei Nachprüfung an einer Larve des Stadium 44 so nicht bestätigt werden. Die vorhandene betonte Pigmentierung der Dorsomedianlinie geht auf Zellen zurück, welche in der Basallage liegen und nur sehr selten mit ihrem distalen Ende die Oberfläche erreichen. Sehr wahrscheinlich handelt es sich um alte, funktionsuntüchtige Schlüpfdrüsenzellen, deren Existenz noch eine begrenzte Zeit andauert. Diese Schlußfolgerung bietet sich jedenfalls nach orientierenden, zeitlich weiter reichenden Vergleichsanalysen an der einheimischen Subspecies *Bufo b. bufo* an. Im übrigen geben auch Satos breite Untersuchungen (1924) der Unterart *Bufo bufo japonicus* keinerlei klare Hinweise für die Richtigkeit von Yanais Auffassung.

Kurz angeführt sei schließlich noch die Notiz von Eggert (1929), nach der bei *Rhacophorus leucomystax* im Anschluß an die Metamorphose die Stelle des Stirndrüsenstreifens durch eine starke Anhäufung mehrzelliger Hautdrüsen angedeutet ist. Daß dabei natürlich keine echte innere Verbindung vorliegt, versteht sich von selbst.

Gemessen an bezeichnenden cellulären Kriterien *beginnt* die Existenz der Drüse bei den verschiedenen Tieren z. T. zu etwas unterschiedlichen Zeiten und *erstreckt* sich dann über eine gewisse, jedoch unter Umständen wechselnde Breite der Ontogenie. Bei *Alytes* handelt es sich um die Stadien 28—40. Für *Rana temporaria* nennt Kopsch (1952) die Entwicklungsstufen 20 bis gegen 40, und etwa entsprechend lauten auch die Angaben von NIEUWKOOP und FABER (1956) für *Xenopus*, nämlich Stadium 20—37. Wie man sieht, ist die Spanne jeweils beträchtlich. Innerhalb derselben wandelt sich natürlich die Gestalt des Organs in Abhängigkeit vom eigenen Auf- bzw. Abbau sowie dem Wachstum der Umgebung. Bei der hier hauptsächlich betrachteten zweiten Hälfte der Drüsenexistenz zeigt sich bei den Tieren mit dorsomedianem Streifen z. T. deutlich eine gewisse Tendenz zu dessen Verlängerung nach rostral und andererseits zu einem viel schnelleren Verschwinden des caudalen Abschnittes. Letzteres hat auch Yanai (1952 b) beobachtet. Allgemein tritt mit fortschreitender Zeit eine zunehmende Lockerung des cellulären Gefüges ein.

Histologisch liegt eine *einfache, endoepitheliale (-epidermale), homokrine Drüse mit äußerem Sekretionsmodus* vor. Grob gesehen, erscheint ihr Bau gewöhnlich geschlossen und nur gelegentlich offen *(Rhacophoriden)*. Dementsprechend stellt sie sich meist durchaus distinkt dar. *Alytes*, bei dem Noble (1926) eine gegenteilige Ansicht äußert, macht darin keine Ausnahme. Die Drüsenzellen münden *einzeln* an der Hautoberfläche oder zeigen auch zufällige bis echte gruppen- und bandförmige *Endigungszusammenschlüsse* unterschiedlicher Größe, die letzthin Ausdruck einer Tendenz zur Bildung mehrzelliger Einzeldrüsen innerhalb des ganzen Organs sind. Auch die dann zu erwartende flache bis grubenförmige Einsenkung der Mündungskollektive, in welche die Produkte abgegeben werden, kommt vor *(Bufo bufo)*. Die Sekretionsart ist *(mero-) ekkrin*. Bildung und Ausscheidung der *serösen* (oxyphilen, PAS-positiven, albuminösen) Sekretstoffe stehen während der Hauptfunktionsphase der Drüse in der Regel offenbar weitgehend im Gleichgewicht, d. h. fast alle Zellen bieten ein identisches Bild. Wintreberts Auffassung (1928) von nur einmaliger Sekretion kann nicht geteilt werden, weil die Prosekretgranula noch nach dem Schlüpfakt einige Zeit generell reichlich in den Zellen vorhanden zu sein pflegen.

Die *Drüsenzellen*, deren Gestalt gewöhnlich birnen- bis keulenförmig ist, sind bei den meisten Tieren auffallend *groß* (vgl. Wintrebert, 1928 u. a.). Das trifft, in Abweichung zu der Feststellung von Yanai (1958), auch für die *Rhacophoriden* zu. Dabei erreichen die Elemente unter Umständen die Basalmembran, wie schon lange bekannt ist (Beccari, 1914; Saguchi, 1915). Ganz in der Regel ist die Tiefenausdehnung aber nicht so groß. Ihr Lageverhältnis zueinander kann sehr locker bis ausgesprochen dicht sein. Niemals werden alle Deckzellen von ihnen repräsentiert, wie Saguchi (1915) für die „Schnauze" von *Rana esculenta* angibt, — große Teile der Oberlippe des Sonderfalles *Hyla brunnea* allerdings ausgenommen. Bei besonderer Dichte der Drüsenzellen, aber auch bei voluminösen Einzelelementen, erfahren die angrenzenden indifferenten Außenlagezellen (seltener die Zellen der Binnenschicht) einen Formwandel, der sie zu milieubedingten *Mantel-* bzw. *Stützzellen* werden läßt. Unzutreffend ist beim Blick auf letztere die für *Alytes* geltende Angabe Nobles (1926), daß ihnen die typische Cuticula fehlt.

Entsprechend den vorliegenden Befunden an *Alytes* erreichen die Drüsenzellen, in Übereinstimmung mit der Vorstellung Yanais, den Außenanschluß erst sekundär. Wintrebert (1928) hat hierzu für *Hyla* (und den *Axolotl*) folgende Auffassung vertreten: der Zellapex schiebt sich gegen die Cuticula vor, die allmählich immer dünner wird und (wahrscheinlich) schließlich zerreißt. Diese Meinung ist zu berichtigen; denn stets werden die angrenzenden Deckplatten der indifferenten Nachbarzellen in umschriebenem Bereich lediglich auseinandergedrängt. Funktionstüchtige Drüsenzellen haben immer eine *Mündung*. Allerdings kann dieselbe durchaus klein sein. Yanais negative Aussage für *Rhacophorus s. schlegelii* (1953) muß daher korrigiert werden.

Hinsichtlich der Ausstattung des distalen Drüsenzellendes mit *Deckplattenstrukturen* kann aus den wechselnden Angaben der früheren Autoren (Saguchi, 1915; Bergeot und Wintrebert, 1926; Yanai, 1951c, 1953) entnommen werden, daß die Verhältnisse nicht einfach zu klären sind. Zu berücksichtigen ist dabei, daß die Lösung der Problematik aus bloßen Querschnittbildern noch schwieriger sein muß als anhand von Flächenpräparaten. Am vorliegenden Untersuchungsgut war eine entsprechende Endigungsumwandlung am leichtesten bei *Pelobates fuscus* zu diagnostizieren, da seine Deckplattenbestandteile der Größe wegen unverkennbar sind.

Daß der meist auffällige *Melaninreichtum* nicht Dauerbesitz der Drüsenzellen sein muß, ist bereits von Yanai (1951c) an *Rana n. nigromaculata* gesehen worden. Er fand 2 Arten degenerierender Zellen, pigmentbeladene und pigmentfreie. Das entspricht den hier vor allem auch an *Rana*-Arten getroffenen Feststellungen über das Vorkommen dunkler, aufgehellter und heller Elemente (S. 40 f.). Die Bemerkungen Yanais zum Schicksal seiner pigmentlosen Drüsenzellen lassen allerdings vermuten, daß teilweise wohl Verwechslungen mit Stiftchenzellen vorliegen (Kernform, lange Lebensdauer). Der differente Pigmentgehalt bleibt in seiner Bedeutung im ganzen unklar. Es läßt sich nur sagen, daß er sicher nicht allein ein bloßes Zeichen des Verfalls ist. Unzutreffend ist gewiß die in allgemeiner

Hinsicht vorgetragene Meinung von Goda (1929) über eine Verwandlung der Melaningranula in Sekret. Im übrigen muß natürlich auch die Vermutung bzw. Auffassung von Beccari (1914, 1951) und Saguchi (1915) abgelehnt werden, wonach ein Teil der Drüsenzellen zu Chromatophoren wird.

Die von Beccari (1914) erstmals gesehenen *Prosekretgranula* haben bei den verschiedenen Tierarten eine unterschiedliche Größe (Wintrebert, 1928). Außerdem liegen Befunde über wechselnde intracelluläre Größe der Körnchen von Bergeot und Wintrebert (1926) für *Alytes* vor. Sie werden jedoch durch die hier erfolgten Analysen erweitert. In färberischer Hinsicht imponieren die *Oxyphilie* und — wie das genannte Tier zeigt — eine ausgesprochene Affinität zu dem Kernfarbstoff Safranin; sie wurde von Bourdin (1926) und von Nedler (1933) an entsprechenden Fischzellen gleichfalls bemerkt. Eine mit Azan von Eggert (1929) und Stephenson (1951) an gewissem exotischem Material erzielte Blaufärbung tritt bei *Alytes* nicht in Erscheinung. *Histochemisch* sind die stets vorhandene *PAS-Reaktion* und verschiedene positive Nachweise auf Proteine bemerkenswert. Der offenbar beträchtliche Gehalt an Sulfhydryl- und Disulfidgruppen paßt gut zu dem im Anschluß an Bles (1905) vielfach gesicherten Fermentcharakter des Sekretes (vor allem Cooper, 1936; Youngstrom, 1938; Ishida, 1947; Esposito Seu Margherita, 1950; Kawahara, 1952b, 1953; Yanai, 1952b; Cambar, 1953; Cambar und Williaume, 1954; Minganti und Azzolina, 1955; Katagiri, 1963).

Für die Art des bzw. der *Schlüpfenzyme* hat eine knappe orientierende histochemische Untersuchung bei *Alytes* keinen eigentlichen positiven Beitrag geliefert. Unter anderem verlief der Nachweis von 2 Glucosidasen (Oligosaccharidasen) sowie von Proteinase (Endopeptidase) negativ. An sich ist jedoch eine proteolytische Aktivität zu erwarten, wie aus der auf anderen Objekten beruhenden Literatur hervorgeht (Ishida, 1947; Minganti und Azzolina, 1955). Das kann überdies auch aus den indirekten Feststellungen von Bliss (1940), Spiegel (1951), Townes (1953), Barch und Shaver (1959) sowie Katagiri (1962, 1963) hergeleitet werden. Erwähnt sei in diesem Zusammenhang noch, daß Cambars Vermutung (1953) über die Wirkung von Mucopolysaccharasen durch Minganti und Azzolina keine Bekräftigung erfahren hat.

Zu den intracellulären *Vacuolenbildungen* ist an entsprechender Stelle (S. 31 f. und 42 f.) bereits alles gesagt. Da sie auf der Basis von Dotter selbst während der vollen Regression der Drüsenzellen noch möglich sind, hat die Bemerkung von Jaensch (1921) über stets starke Dotterarmut der Drüsenzellen ihre Grenzen.

In bezug auf den *Kern* sei nochmals die in mehrfacher Hinsicht deutliche Übereinstimmung unter den verschiedenen Tierarten hervorgehoben. Der demgegenüber evidente Größenunterschied der Nucleolen zwischen *Alytes* einerseits und zahlreichen sonstigen *Anuren* andererseits ist ein Hinweis auf Stoffwechseldifferenzen. Ein durch auffällige Größenschwankungen dokumentierter Funktionsformwechsel fehlt den Kernkörperchen offenbar. Dieser Befund paßt zu der augenscheinlich arrhythmischen Arbeitsweise der Drüsenzellen.

Zur Abrundung der Schlüpfdrüsen-Betrachtung sei ganz am Rande schließlich noch erwähnt, daß gewisse Froschlurche (z. B. *Eleutherodactylus*) kein entsprechendes Organ besitzen, sondern die Eikapsel mechanisch mittels eines Eizahnes eröffnen (Noble, 1926, 1931; Lynn, 1942 u. a.).

Nach den Schlüpfdrüsenelementen müssen die gleichfalls sekretorisch tätigen, aber weit verstreut liegenden *Schaltzellen* betrachtet werden. Das auffallende gleichzeitige Vorhandensein beider Zelltypen bei *Alytes* und den *Arthroleptellen* läßt natürlich an einen eventuellen funktionellen Zusammenhang denken. Bei Heranziehung weiterer Tierarten ist jedoch nicht zu verkennen, daß die Schaltzellen offenbar gewöhnlich erst im Anschluß an die Schlüpfperiode, d. h. bei und gleich nach dem Untergang der Drüse, ihr Maximum erreichen. Danach verschwinden sie meist rasch, z.T. offenbar durch Entdifferenzierung und Umwandlung in deckplattentragende Außenlagezellen (Meyer, 1962), unter Umständen erreichen sie aber auch die Metamorphose (*Pelobates fuscus*). Bei *Alytes* und den *Arthroleptellen* könnte natürlich trotzdem Koexistenz zugleich auch Kooperation in irgendeiner Form bedeuten. Dann wären folgende Möglichkeiten denkbar: die Schaltzelle produziert eine *weitere Schlüpfsubstanz* oder setzt Stoffe frei, welche auf das Schlüpfdrüsenenzym aktivierend wirken, bzw. sie erzeugt — völlig gegensätzlich zu diesen Annahmen — *antiproteolytische Substanzen.*

Für die erstgenannte Möglichkeit könnte in gewisser Weise das von Kawahara (1951, 1952a, 1953) bei *Kröten*-Keimen gefolgerte Vorkommen eines zweiten Enzyms („slipping-out-enzyme") sprechen, welches allerdings von Kobayashi (1954a) verneint worden ist. Eigene morphologische Befunde an Laichschnüren der 3 einheimischen *Kröten*-Arten und von *Pelobates*, die beiläufig erhoben wurden, gehen in Richtung der Auffassung von Kawahara. Es ist aber höchst unwahrscheinlich, daß die sehr frühe erste Etappe des Schlüpfprozesses (bei den *Bufo*-Embryonen etwa spätes Neurulastadium: Kawahara, 1951; Kobayashi, 1954a), die der Aktivitätszeit der eigentlichen Drüse vorausgeht, durch die Schaltzellen verursacht wird, — einfach deswegen, weil sie noch fehlen dürften. Letzteres ist trotz der Schwierigkeiten einer direkten mikroskopischen Identifizierung derartiger Sonderelemente bei solch jungen Keimen daraus zu schließen, daß ihre Zahl bei der ersten einwandfreien Klarstellung in der Folgezeit zunächst gering ist.

Entfernter liegt der Gedanke, die Schaltzelle als Produzenten antiproteolytischer Stoffe aufzufassen, welche das Keimlingsäußere vor dem agressiven Enzym der Schlüpfdrüse schützen. Das Auftreten solcher Substanzen ist von Wu und Wang (1948) unter anderem bei Froschlurchen in der entsprechenden Entwicklungsphase nachgewiesen worden, wobei die Schleimdrüsen (gemeint sind wohl die Haftorgane) als maßgebend in Betracht gezogen wurden. Wegen der notwendigen Annahme einer lückenlosen Sicherung der ganzen Keimlingsoberfläche ist es aber einleuchtender, der epidermalen Außenlage generell ein solches Vermögen zuzuschreiben.

Das Sekret der Schaltzellen übt vermutlich, jedenfalls bei den meisten Tieren, irgendwelche *Abwehr- bzw. Giftwirkungen* aus. Zu denken ist an Effekte gegen die pathogene Kleinlebewelt, aber vielleicht auch gegen größere Feinde (besonderer chemischer Schutz für die noch relativ unbeweglichen, zur Flucht unfähigen, postnatalen Tiere). Bei *Pelobates* haben die im Bauchbereich ungewöhnlich lange existierenden entsprechenden Zellelemente[6] offenbar besondere bzw. zusätzliche Bedeutung erlangt, was sich in einer chemischen Veränderung ihrer Prosekretgranula, nämlich der sonst nicht gefundenen positiven PAS-Reaktion (Meyer, 1962), äußert. Die Möglichkeit eines gewissen Funktionswechsels (oder einer Doppelleistung) der Schaltzellen ohne gleichzeitige auffälligere morphologische Änderung scheint also vorhanden zu sein. Dementsprechend kann nicht von

---

6. Unberücksichtigt bleibt hier der Gedanke einer möglichen Inhomogenität des Begriffes „Schaltzelle" (Meyer, 1962).

vornherein ihre Mitwirkung beim Schlüpfen von *Alytes* und den *Arthroleptellen* ausgeschlossen werden. Andererseits wird aber das anzugreifende Substrat, die hier besonders widerstandsfähige Eikapsel, jeweils mit einer vergleichsweise so extrem großen Zahl an Schlüpfdrüsenzellen konfrontiert, daß die zusätzliche Aktivität eines zweiten drüsigen Zelltyps fernliegt.

Zu sprechen ist noch über eine *weitere*, offenbar erstmals gesehene *Sonderzelle*, die durchaus andersartig als die Schaltzelle ist. Sie kommt im Untersuchungsgut verbreitet vor, z. B. bei den *Rhacophoriden*, den Gattungen *Rana* sowie *Crinia* und ist stets in der Nähe der oberen medialen Ränder beider äußerer Nasenöffnungen zu finden. Wegen dieser Lokalisation mußte sie bei den Tieren mit ankerförmiger Drüse natürlich auffallen. Die etwas verstreut liegenden Elemente, welche das Schlüpforgan immer, wenigstens eine kurze Zeit, überleben, sind zah enmäßig sehr gering, jederseits höchstens etwa 30. In funktioneller Hinsicht bot *Rhacophorus s. schlegelii* insofern einen wichtigen Hinweis, als die Zellen z. T. eine kleine Endigung an der Hautoberfläche mitsamt einer feinen, kurzen Fadenstruktur zeigen. Gewöhnlich stellen sich aber derartige, eindeutige Beziehungen zur Außenwelt nicht dar, doch ist die *Oberflächennähe* der Zellen immer sehr beträchtlich. Der korrespondierende Bereich der basalen Epidermisschicht erscheint bei der geübten Methode unauffällig.

Es ist durchaus wahrscheinlich, daß hier *nervöse, exteroreceptorische Elemente* in Form sekundärer Sinneszellen vorliegen, welche *ganz einfach gebaute Hautsinnesorgane* bilden, die sehr umschrieben lokalisiert sind. Breitere morphologische Untersuchungen zum Nachweis des Zusammenhanges mit dem Nervensystem etc. müssen aber erst noch die Bestätigung bringen. Ob dann — ohne Mitwirkung von physiologischer Seite — schon etwas zur spezifischen Leistung gesagt werden kann, ist sehr fraglich.

Zwischen dem behandelten, sehr wahrscheinlich nervösen Zelltyp und der als sicheres Sinneselement anzusprechenden *Stiftchenzelle* (Kölliker, 1885, 1886; Beccari, 1914; Meyer, 1961, 1962; Guderjahn, 1969) bestehen klare Verschiedenheiten. Die zuletzt genannte Zelle, welche in der Larvenhaut verstreut auftritt,kommt übrigens nicht nur im Bereich der *Raniden* und *Rhacophoriden* vor, sondern, Feststellungen dieser Arbeit zufolge, auch bei den betrachteten *Leptodactyliden* (2 *Criniae, Limnodynastes*). — Die neue Hautsinneszelle ist ferner von der wohl gleichfalls nervösen *Zentralzelle der epidermalen Zellhügel* gewisser *Pelobatiden* (Schulze, 1889; Meyer, 1953, 1961, 1962) zu trennen. Bemerkenswert ist dabei jedoch, daß beiden ein direkter Außenanschluß offensichtlich fehlt (wenn man von der bei *Rhacophorus s. schlegelii* nachgewiesenen Ausnahme absieht). Gleiches gilt auch für die *Hauptzelle eines weiteren kleinen, epithelialen Zellkomplexes*, welcher im Rahmen der vorliegenden Studien an der Larvenhaut der südafrikanischen *Heleophryne purcelli* in Form von „Wärzchen" aufgefunden wurde.

Neben dieser Übereinstimmung zwischen den soeben gestreiften speziellen Zellelementen von *Pelobates* und *Heleophryne* sowie der ausführlicher behandelten neuen „nervösen" Zelle bestehen aber auch erhebliche Unterschiede. Sie zeigen sich in der jeweiligen Höhenlage bzw. Ausdehnung der Zellen auf dem Hautquerschnitt und im Verhalten ihrer Nachbarelemente, d. h. deren deutlichem oder auch nur geringem Engagement als Neben- oder Hilfszellen. Zudem ist die Topographie im Hautmantel völlig different: einerseits eine weite bis gleichsam vollständige Ausbreitung (*Heleophryne*, *Pelobates*), andererseits die Konzentration auf engem, juxtanaralem Raum.

Abschließend sei darauf hingewiesen, daß der Vergleich der Daten über die Schlüpfdrüse aus Platzgründen nicht noch auf die *Schwanzlurche* und *Fische* ausgedehnt werden konnte. Das bedeutet insofern keine eigentliche Einbuße, als von den zunächst in Betracht kommenden *Urodelen* bisher nur spärliche anatomische Analysen vorliegen. Um hier Wandel zu schaffen, sind entsprechende Bemühungen angelaufen.

Zusammenfassung

1. An 40 verschiedenen Froschlurchen (sämtlichen 13 einheimischen und 27 fremdländischen) ist die *Schlüpfdrüse* vergleichend mikroskopisch untersucht worden. Dabei fanden vor allem verschieden fixierte und gefärbte Epidermis-Totalpräparate Verwendung.

2. Die als transitorisches Embryonalorgan aufzufassende einfache, endoepidermale, exokrine Drüse zeigt bei der Masse der Tierarten nach Gestalt und Zellzahl eine Ordnung, die sich in gewissem Umfang mit den üblichen taxonomischen Kategorien deckt. Das Organ beschränkt sich vielfach auf die dorsale Medianlinie des Kopfes und Rumpfes. Sein in der Regel verstärktes (internarales) Vorderende kann sich aber auch so aufteilen, daß die Gesamtgestalt schließlich einem zweiarmigen Anker ähnlich sieht. Die Enden der Drüsenarme erreichen dabei unter Umständen die vordere Region der späteren äußeren Corneae (einheimische *Braunfrösche*, *Crinia georgiana*) oder schwenken, in Anlehnung an den oberen und lateralen Umfang der künftigen Nares, nach vorn *(Xenopus laevis)*.

3. Beim Hauptobjekt der Untersuchung, *Alytes obstetricans*, zeigt die Drüse Besonderheiten: sie beschränkt sich auf den Kopf und ist zugleich ungewöhnlich groß. In letzterer Hinsicht vergleichbare Verhältnisse bietet die Gattung *Arthroleptella*. Diese Abweichungen hängen jeweils sicher mit den Eigenarten der Brutbiologie zusammen. — Für die mitbetrachtete Larve von *Hyla brunnea* ist es durchaus wahrscheinlich, daß eine bei ihr supraoral und an der Oberlippe vorhandene mächtige, endoepidermale Flächendrüse die aus Gründen der speziellen Ernährungsbiologie permanent gewordene Schlüpfdrüse ist.

4. Einige Tiere präsentieren eine mehr oder weniger evidente lagemäßige Kombination der Drüsenzellen mit dem Seitenlinien-System. Entsprechendes deutet sich bei *Alytes* an Fortsätzen seines Schlüpforganes schon an, wird aber von 3 eingehend analysierten Arten der Gattung *Rhacophorus* in stufenweiser Steigerung besonders demonstriert. Das Maximum bietet hierbei *Rhacophorus maculatus*, indem fast alle Seitenlinien doppel- oder einreihig von Drüsenzellen begleitet sind, der dorsomediane Zellzug dagegen völlig zurücktritt.

5. Von den Ergebnissen der intensiveren histo- und cytologischen Studien, welche vornehmlich die Hauptfunktionszeit und den Schwund des Schlüporgans betreffen, seien nachfolgende ausdrücklich genannt:

a) Das Gesamtmaterial läßt progressive Tendenzen des Drüsenbaues erkennen; denn außer isolierten kommen auch reihen- und gruppenförmig vereinigte Zellmündungen vor, die grubenartig eingesunken sein können *(Bufo bufo)*.

b) Die Prosekretgranula der im Verhältnis meist auffallend großen Drüsenzellen sind oxyphil, PAS-positiv, proteinhaltig und zugleich SH- und SS-gruppenreich. Hinsichtlich der Korngröße differieren die verschiedenen Tiere des Untersuchungsgutes z. T. deutlich.

c) An den primär oft auffallend viel Melanin enthaltenden Drüsenzellen stellen sich im Laufe der Zeit häufiger eindrucksvolle Unterschiede des Pigmentgehaltes ein (einheimische *Rana*-Arten).

d) Die bald nach dem Schlüpfen auftretenden Rückbildungstendenzen der Drüse enden gewöhnlich mit dem Tod der spezifischen Zellen. Daneben gibt es aber gelegentlich auch die Möglichkeit ihres Überlebens in Form einer metaplastischen Umwandlung in indifferente Epidermiszellen *(Alytes, Pelobates fuscus)*.

6. Über die speziellen Sachverhalte der Schlüpfdrüse hinaus sind weitere Eigentümlichkeiten von Bau und Leistung der spätembryonalen bis frühlarvalen Anurenepidermis erörtert worden, die mit der Erzeugung besonderer Substanzen sowie der Sinnesfunktion verbunden sein dürften.

a) Für die häufig verstreut in der Oberhaut vorkommende drüsige *Schaltzelle* ist zu argwöhnen, daß ihr Sekret Abwehr- bzw. Giftstoffe enthält. Trotz gelegentlicher zeitlicher Koexistenz mit der Schlüpfdrüse *(Alytes, Arthroleptellae)* ist eine Kooperation unwahrscheinlich.

b) Unter Heranziehen einiger weiterer exotischer Tierarten ist die augenscheinlich verbreitete Existenz eines *kleinen, lockeren Zellkomplexes* am hinteren medialen Umfang der Nares gefunden worden, der vereinzelt sogar bis in die späte Larvenzeit nachweisbar ist *(Crinia georgiana)*. Er dürfte ein ganz einfach gebautes *Hautsinnesorgan* darstellen, dessen funktionelle Bedeutung unklar ist.

Summary

1. In 40 different anurans (all the 13 indigenous ones and 27 foreign ones) the *hatching gland* has been comparatively investigated by microscope. Above all total preparations of epidermis differently fixed and stained were used for that.

2. The simple endoepidermal exocrine gland which is to be understood as a transitory embryonic organ shows in the majority of species according to shape and the number of cells an order which to a certain extent corresponds to the usual taxonomic categories. The organ is frequently limited to the dorsal median line of head and trunk. But its (internarial) front part which as a rule is strengthened can also divide up so that the whole shape finally looks like a two-armed anchor. Then the ends of the glandular arms possibly reach the anterior region of the subsequent exterior corneae (indigenous *brown-frogs, Crinia georgiana*) or turn forward near to the upper and lateral circumference of the future nares *(Xenopus laevis)*.

3. In the main object of our investigation, *Alytes obstetricans*, the gland presents particularities: it is limited to the head and is in addition to that unusual large. As to the latter the genus *Arthroleptella* presents comparable conditions. These deviations are certainly connected with the peculiarities of hatching biology. — If we take the larva of *Hyla brunnea*, for instance, which was also viewed by us, it is quite likely that a big endoepidermal plain gland present supraoral and at the upper lip in this species is the hatching gland which by reason of special nutritional biology became permanent.

4. Some animals present a more or less evident situational combination of the glandular cells with the lateral line system. The corresponding thing is already suggested in *Alytes* at the processes of its hatching organ but is with gradual increase especially demonstrated by three thoroughly analysed species of the genus *Rhacophorus*. The maximum of development is seen in *Rhacophorus maculatus* where nearly all the lateral lines are accompanied by two rows or one line of glandular cells, the dorsomedian accumulating of cells, however, completely disappears.

5. Of the results of the more intensive histological and cytological studies which chiefly concern the main functioning time and the disappearance of the hatching organ the following shall be explicitly mentioned:

a) All the specimens suggest progressive tendencies of the glandular structure; for besides isolated cell-openings there also occur in rows and groups comprehended ones which can be sunk in *(Bufo bufo)*.

b) The prosecretion granula of the glandular cells which in general are relatively strikingly large are oxyphilic, PAS-positive, containing protein, and at the same time rich in SH- and SS-groups. With regard to the size of the granula the various animals examined partly differ distinctly.

c) In the glandular cells which primarily often contain strikingly much melanin there more frequent appear impressive differences by the content of pigment in the course of time (indigenous species of *Rana*).

d) The soon after hatching occuring tendencies of the gland to regression usually end with death of the specific cells. But there also sometimes exists the possibility of their survival in the form of a metaplastic change into indifferent epidermal cells *(Alytes, Pelobates fuscus)*.

6. Besides the special facts concerning the hatching gland further peculiarities in the structure and the function of the late embryonal till early larval epidermis of anurans have been discussed which might have to do with the production of special substances as well as the sensory function.

a) As for the glandular *inserted cell* frequently occuring scattered in the epidermis it must be assumed that its secretion contains defensive or poisonous substances respectively. Despite of the occasional temporary coexistence with the hatching gland *(Alytes, Arthroleptellae)* a cooperation is unlikely.

b) By examining some further exotic species of animals the obviously widespread presence of a *small loose cellular complex* at the retromedial circumference of the nares has been found which sporadically even is demonstrable up to the late larval time *(Crinia georgiana)*. It might represent a *sense organ of skin* very simple constructed whose functional significance is obscure.

Anmerkung. Die obige Arbeit hat besonderen Gewinn von der freimütigen Überlassung z. T. schwer erreichbaren Tiermaterials gehabt. Dafür gebührt nachstehenden Professoren bzw. Doktoren größter Dank: Baldauf, College of Texas (Tex.); Balinsky, Johannesburg (Südafrika); Barth, Woods Hole, Mass. (USA);Bragg, Norman, Okla. (USA); Cambar, Bordeaux-Talence (Frankreich); Dalton, New York, N.Y. (USA); D'Ancona †, Padua (Italien); Henzen, Bern (Schweiz); Inger, Chicago, Ill. (USA); Main, Nedlands (Australien); Martof, Raleigh, N.C. (USA); Moore, New York, N.Y. (USA); Oeser, Kirchzarten b. Freiburg i. Br.; Paterson, Cape Town (Südafrika); Pillay, Trivandrum (Indien); Reisinger, Graz (Österreich); Ruibal, Riverside, Cal. (USA); Schreckenberger, Paterson, N.Y. (USA); Schwartzkopff,

Bochum; Sentein, Montpellier (Frankreich); Skinner, Stellenbosch (Südafrika); Spannhof, Rostock; du Toit, Stellenbosch (Südafrika); Volpe, New Orleans, La. (USA); Wermuth, Stuttgart-Ludwigsburg und Yanai, Shizuoka (Japan).

Literatur

Adams, C. W. M., and N. A. Tuqan: The histochemical demonstration of protease by a gelatine-silver film substrate. J. Histochem. Cytochem. 9, 469—472 (1961).

Angel, F.: Vie et mœurs des amphibiens. Paris: Payot 1947 (317 S.).

Barch, S. H., and J. R. Shaver: The effect of enzymes on prolongation of fertilizability of frog eggs. Exp. Cell Res. 17, 114—120 (1959).

Beccari, N.: L'organo tegumentale frontale delle larve di anfibi. Arch. ital. Anat. Embriol. 13, 379—400 (1914).

— Anatomia comparata dei vertebrati. I. Classificazione dei vertebrati apparecchio tegumentario. Firenze: Sansoni 1951 (265 S.).

Bergeot, P., et P. Wintrebert: Le déterminisme de l'éclosion chez l'Alyte (Alytes obstetricans, Laur.). C. R. Soc. Biol. (Paris) 95, 1326—1330 (1926).

Bles, E. J.: The life-history of Xenopus laevis, Daud. Trans. roy. Soc. Edinb. 41, 789—821 (1905).

Bliss, A. F.: Effect of trypsin on development of Rana pipiens. Proc. Soc. exp. Biol. Med. (N.Y.) 43, 769—770 (1940).

Bogenschütz, H.: Untersuchungen über den lichtbedingten Farbwechsel der Kaulquappen. Z. vergl. Physiol. 50, 598—614 (1965).

Bonjour, A. E.: Notas sobre la embriologia de algunos batracios sudamericanos. Arch. Soc. Biol. (Montevideo) 1, 385—395 (1930).

Bonnet, R.: Über kataplastische und anaplastische Organe. Ergebn. Anat. Entwickl.-Gesch. 21, 327—364 (1914).

Bourdin, J.: Le mécanisme de l'éclosion chez les téléostéens. II. Evolution histologique des cellules séreuses cutanées provoquant l'éclosion, chez la truite. C. R. Soc. Biol. (Paris) 95, 1183—1186 (1926).

Buznikov, G. A., u. G. M. Ignatjeva: Schlüpffermente. [Russ.] Usp. sovrem. Biol. 46, 337—356 (1958).

Cambar, R.: Mise en évidence d'enzymes «de l'éclosion» chez la grenouille agile; intérêt de leur utilisation en embryologie expérimentale. C. R. Acad. Sci. (Paris) 237, 355—357 (1953).

—, et B. Marrot: Table chronologique du développement de la grenouille agile (Rana dalmatina Bon.). Bull. biol. France Belg. 88, 168—177 (1954).

—, et S. Martin: Table chronologique du développement embryonnaire et larvaire du crapaud accoucheur («Alytes obstetricans» Laur.). Act. Soc. Linn. (Bordeaux) 98, 1—20 (1959).

—, et R. Williaume: Recherches expérimentales sur le mécanisme de l'éclosion des embryons de grenouille. C. R. Soc. Biol. (Paris) 148, 112—114 (1954).

Cooper, K. W.: Demonstration of a hatching secretion in Rana pipiens Schreber. Proc. nat. Acad. Sci. (Wash.) 22, 433—434 (1936).

Corning, H. K.: Über einige Entwicklungsvorgänge am Kopf der Anuren. Morph. Jb. 27, 173—241 (1899).

Dane, E. T., and D. L. Herman: Haematoxylin-phloxine-alcian blue-orange G differential staining of prekeratin, keratin and mucin. Stain Technol. 38, 97—101 (1963).

Detlaf, T. A.: Vergleichend-experimentelles Studium der Entwicklung des Ektoderms, des Chordamesoderms und ihrer Abkömmlinge bei Anamnieren. [Russ.] Diss. Moskau 1948 (291 S.).

Dürigen, B.: Deutschlands Amphibien und Reptilien. Eine Beschreibung und Schilderung sämtlicher in Deutschland und den angrenzenden Gebieten vorkommenden Lurche und Kriechthiere. Magdeburg: Creutz'sche Verlagsbuchhandlung 1897 (676 S.).

Dunn, E. R.: The frogs of Jamaica. Proc. Boston Soc. Nat. Hist. 38, 111—130 (1926).

Eggert, B.: Über den weißen Schnauzenfleck der Kaulquappe des javanischen Flugfrosches Rhacophorus leucomystax Gravh. Zool. Anz. 84, 180—189 (1929).

Escher, K.: Das Verhalten der Seitenorgane der Wirbeltiere und ihrer Nerven beim Übergang zum Landleben. Acta zool. (Stockh.) 6, 1—108 (1925).

Esposito Seu Margherita, M.: Gli enzimi della schiusa negli anfibi. Boll. zool. 17, 105—106 (1950).

Fahrenholz, C.: Über die Entwicklung des Gesichtes und der Nase bei der Geburtshelferkröte (Alytes obstetricans). (I. Teil.) Morph. Jb. 54, 421—503 (1925).

Fernandez-Marcinowski, K.: Der Mechanismus des Schlüpfens bei den Amphibienlarven. Biol. Zbl. 41, 423—432 (1921).

Giesbrecht, E.: Beiträge zur Entwicklung der Cornea und zur Gestaltung der Orbitalhöhle bei den einheimischen Amphibien. Z. wiss. Zool. 124, 305—359 (1925).

Goda, T.: Cytoplasmic inclusions of amphibian cells with special reference to melanin. J. Fac. Sci. Tokyo Univ. (4) 2, 51—122 (1929).

Goette, A.: Die Entwicklungsgeschichte der Unke (Bombinator igneus) als Grundlage einer vergleichenden Morphologie der Wirbelthiere. Leipzig: Voss 1875 (965 S.).

Gosner, K. L.: A simplified table for staging anuran embryos and larvae with notes on identification. Herpetol. 16, 183—190 (1960).

Guderjahn, R.: Die Stiftchenzelle der larvalen Epidermis des Moorfrosches (Rana a. arvalis Nilsson) als nervöses Element. Verh. anat. Ges. (Jena) 122 (1969) (im Druck).

Harms, W.: Brillen bei Amphibienlarven. Zool. Anz. 56, 136—142 (1923).

Héron-Royer, L. F.: Recherches sur la fécondité des batraciens anoures Alytes obstetricans, Hyla viridis et sur la fécondation des œufs du Bufo vulgaris dans l'obscurité. Bull. Soc. zool. France 3, 278—285 (1878).

Hinsberg, V.: Die Entwicklung der Nasenhöhle bei Amphibien. Theil I und II: Anuren und Urodelen. Arch. mikr. Anat. 58, 411—482 (1901).

Holtfreter, J.: Der Einfluß von Wirtsalter und verschiedenen Organbezirken auf die Differenzierung von angelagertem Gastrulaektoderm. Wilhelm Roux' Arch. Entwickl.-Mech. Org. 127, 619—775 (1933).

Ishida, J.: The hatching enzyme in amphibians. [Jap.] Zool. Mag. (Tokyo) 57, 77—78 (1947).

Jaensch, P. A.: Beobachtungen über das Auskriechen der Larven von Rana arvalis und fusca und die Funktion des Stirndrüsenstreifens. Anat. Anz. 53, 567—584 (1920/21).

Kammerer, P.: Experimentelle Veränderung der Fortpflanzungstätigkeit bei Geburtshelferkröte (Alytes obstetricans) und Laubfrosch (Hyla arborea). Arch. Entwickl.-Mech. Org. 22, 48—140 (1906).

Katagiri, Ch.: On the fertilizability of the frog egg, II. Change of the jelly envelopes in water. Jap. J. Zool. 13, 365—373 (1962).

— On the fertilizability of the frog egg, III. Removal of egg envelopes from unfertilized egg. J. Fac. Sci. Hokkaido Univ. (6) 15, 202—211 (1963).

Kawahara, H.: Experimental studies on the slipping-out-phenomena of toad-embryos. [Jap.] Bull. exp. Biol. 1, 25—31 (1951).

— Experimental study on the hatching mechanism of amphibian. Part I: The relationship between the accelerating effect of supersonics upon the hatching process and the viscosity of egg-jelly. Bull. exp. Biol. 2, 119—135 (1952a).

— Experimental study on the hatching mechanism of amphibian. Part II: The relationship between the accelerating effect of supersonics upon the hatching process and the solidity of egg-capsule. Bull. exp. Biol. 2, 136—146 (1952b).

— Experimental study on the hatching mechanism of amphibian. Part III: Experimental observation on the hatching enzyme. Bull. exp. Biol. 3, 1—7 (1953).

Kiszely, G., u. Z. Pósalaky: Mikrotechnische und histochemische Untersuchungsmethoden. Budapest: Akadémiai Kiadó 1964 (723 S.).

Kobayashi, H.: Hatching mechanism in the toad, Bufo vulgaris formosus. 1. Observations and some experiments on perforation of gelatinous envelope and hatching. J. Fac. Sci. Tokyo Univ. (4) 7, 79—87 (1954a).

— Hatching mechanism in the toad, Bufo vulgaris formosus. 2. Effects of thiourea on hatching. J. Fac. Sci. Tokyo Univ. (4) 7, 89—96 (1954b).

— Hatching mechanism in the toad, Bufo vulgaris formosus. 3. Extrusion of embryos from the jelly string and colloidal nature of the jelly. J. Fac. Sci. Tokyo Univ. (4) 7, 97—105 (1954c).

Kobayashi, H.: Hatching mechanism in the toad, Bufo vulgaris formosus. 4. Relation between the perforation of the jelly string and CO_2 production by the embryos. J. Fac. Sci. Tokyo Univ. (4) 7, 107—112 (1954d).

Kölliker, A.: Stiftchenzellen in der Epidermis von Froschlarven. Zool. Anz. 8, 439—441 (1885).

— Histologische Studien an Batrachierlarven. Z. wiss. Zool. 43, 1—40 (1886).

Kopsch, Fr.: Die Entwicklung des braunen Grasfrosches Rana fusca Roesel. Dargestellt in der Art der Normentafeln zur Entwicklungsgeschichte der Wirbeltiere. Stuttgart: Thieme 1952 (70 S.).

Kupffer, C. v.: Studien zur vergleichenden Entwicklungsgeschichte des Kopfes der Kranioten. 1. Heft. Die Entwicklung des Kopfes von Acipenser sturio an Medianschnitten untersucht. München u. Leipzig: Lehmann 1893 (95 S.).

— Die Morphogenie des Centralnervensystems. Das Hirn der Anuren. In: Handbuch der vergleichenden experimentellen Entwicklungslehre der Wirbeltiere, Bd. II, T. 3, S. 187 bis 206. Jena: Fischer 1903.

Lieberkind, I.: Vergleichende Studien über die Morphologie und Histogenese der larvalen Haftorgane bei den Amphibien. Kopenhagen: Reitzel 1937 (180 S.).

Lillie, R. D.: Histopathologic technic and practical histochemistry. New York and Toronto: The Blakiston Co. 1954 (501 S.).

Lynn, W. G.: The embryology of Eleutherodactylus nubicola, an anuran which has no tadpole stage. Contr. Embryol. Carnegie Inst. 190, 26—62 (1942).

Manfredonia, M.: Particolare disposizione nella chiusura del neuroporo anteriore in Discoglossus pictus. Arch. ital. Anat. Embriol. 38, 143—152 (1937).

Martin, S.: Recherches descriptives et expérimentales sur les modalités du développement et étude de l'évolution du système pronéphrétique chez l'embryon et la larve du crapaud accoucheur (Alytes obstetricans Laur.). Diss. Bordeaux 1959 (114 S.).

Mertens, R.: Die Lurche und Kriechtiere des Rhein-Main-Gebietes. Frankfurt a. M.: Dr. Kramer 1947 (144 S.).

Meyer, M.: Einige histologische Bemerkungen über die larvale Epidermis und die äußere Cornea von Pelobates fuscus Laur. (Knoblauchkröte). Anat. Anz. 99, 312—320 (1953).

— Epidermale Sonderzellen von Froschlarven. Zbl. allg. Path. path. Anat. 102, 69 (1961).

— Kegel- und andere Sonderzellen der larvalen Epidermis von Froschlurchen. Z. mikr.-anat. Forsch. 68, 79—131 (1962).

—, u. H. Aurin: Zur Total-Präparation der Froschlarven-Epidermis für mikroskopische Zwecke. Z. med. Labortechn. 6, 207—216 (1965).

Minganti, A., e G. Azzolina: Attività proteolitica dell'enzima della schiusa di Bufo e Discoglossus. Ric. sci. 25, 2103—2108 (1955).

Nedler, D.: Le mécanisme de l'éclosion des œufs de poisson. Rev. gén. Sci. 44, 3—5 (1933).

Needham, J.: Chemical embryology. Cambridge: Univ. Press 1931 (2021 S.).

Nieuwkoop, P. D., and J. Faber: Normal table of Xenopus laevis (Daudin). Amsterdam: North-Holland Publ. Co. 1956 (243 S.).

Noble, G. K.: The hatching process in Alytes, Eleutherodactylus and other amphibians. Amer. Mus. Nov. 229, 1—7 (1926).

— The value of life history data in the study of the evolution of the amphibia. Ann. N. Y. Acad. Sci. 30, 31—128 (1927).

— The adaptive modifications of the arboreal tadpoles of Hoplophryne and the torrent tadpoles of Staurois. Bull. Amer. Mus. Nat. Hist. 58, 291—334 (1929).

— The biology of the amphibia. New York and London: McGraw-Hill Book Co. 1931 (577 S.).

Oksche, A.: Der Feinbau des Organon frontale bei Rana temporaria und seine funktionelle Bedeutung. Morph. Jb. 92, 123—167 (1952).

— Survey of the development and comparative morphology of the pineal organ. Progr. Brain Res. 10, 3—29 (1965).

Ortmann, R.: Über Placoden und Neuralleiste beim Entenembryo, ein Beitrag zum Kopfproblem. Z. Anat. Entwickl.-Gesch. 112, 537—587 (1943).

Pearse, A. G. E.: Histochemistry theoretical and applied. London: J. and A. Churchill 1961 (998 S.).

Peter, K.: Mittheilungen zur Entwicklungsgeschichte der Eidechse. III. Die Neuroporusverdickung und die Hypothese von der primären Monorhinie der amphirhinen Wirbelthiere. Arch. mikr. Anat. 58, 640—660 (1901).
— Die Zweckmäßigkeit in der Entwicklungsgeschichte. Eine finale Erklärung embryonaler und verwandter Gebilde und Vorgänge. Berlin: Springer 1920 (323 S.).
— The development of the external features of Xenopus laevis, based on material collected by the late E. J. Bles. J. Linn. Soc. (Lond.) 37, 515—523 (1931).
— Funktionelle Embryologie der Wirbeltiere. (Der lebende Keimling.) Nova Acta Leopold., N. F., 19, Nr. 133 (1957) (128 S.).
Poska-Teiss, L.: Über die larvale Amphibienepidermis. Z. Zellforsch. 11, 445—483 (1930).
Power, J. H., and W. Rose: Notes an the habits and life-histories of some Cape Peninsula Anura. Trans. roy. Soc. S. Afr. 17, 109—115 (1929).
Rabl, H.: Integument. I. Integument der Anamnier. 4. Amphibia. In: Bolk-Göppert-Kallius-Lubosch, Handbuch der vergleichenden Anatomie der Wirbeltiere, Bd. 1, S. 306—328. Berlin u. Wien: Urban & Schwarzenberg 1931.
Remane, A.: Amphibia. Lurche. in: P. Schulze (Hrsg.), Biologie der Tiere Deutschlands, Lfg. 7, Teil 49, S. 1—34. Berlin: Gebr. Borntraeger 1923.
Rose, W.: Some field notes on the Batrachia of the Cape Peninsula. Ann. S. Afr. Mus. 20, 433—450 (1926).
— The reptiles and amphibians of Southern Africa. Cape Town: Miller 1950 (378 S.).
Rossi, U.: Sopra la cosidetta "Mediane Riechplakode" (Kupffer). Ann. Fac. med. (Perugia) (3) 3, 237—246 (1904).
Saguchi, S.: Über Sekretionserscheinungen an den Epidermiszellen von Amphibienlarven nebst Beiträgen zur Frage nach der physiologischen Degeneration der Zellen. Mitt. Med. Fak. Univ. Tokyo 14, 299—415 (1915).
Sato, K.: Über die Metamorphose von Bufo vulgaris japonica. Z. Anat. Entwickl.-Gesch. 71, 41—184 (1924).
Siggia, S.: Rapporti tra l'organo tegumentale frontale e la linea ad Y nella regione neuroporica di Discoglossus pict. Anat. Anz. 85, 115—128 (1937/38).
Schierhorn, H.: Beitrag zur Verteilung und Funktion spezifischer Hautelemente bei Krötenlarven. Morph. Jb. 111, 410—415 (1967).
Schreiber, E.: Herpetologia europaea. Eine systematische Bearbeitung der Amphibien und Reptilien, welche bisher in Europa aufgefunden sind. 2. Aufl. Jena: Fischer 1912 (960 S.).
Schultze, O.: Über den Bau und die Bedeutung der Aussencuticula der Amphibienlarven. Arch. mikr. Anat. Entwickl.-Gesch. 69, 544—562 (1907).
Schulze, F. E.: Über die inneren Kiemen der Batrachierlarven. I. Mittheilung: Über das Epithel der Lippen, der Mund-, Rachen- und Kiemenhöhle erwachsener Larven von Pelobates fuscus. Abh. preuß. Akad. Wiss., physik.-math. Kl., 1888, Abh. 1, 1—59 (1889).
Spiegel, M.: A method for the removal of the jelly and vitelline membrane of the egg of Rana pipiens. Anat. Rec. 111, 544 (1951).
Stephenson, E., and N. G. Stephenson: Field observations on the New Zealand frog, Leiopelma Fitzinger. Trans. roy. Soc. N. Zealand 84, 867—882 (1957).
Stephenson, N. G.: Observations on the development of the amphicoelous frogs, Leiopelma and Ascaphus. J. Linn. Soc. (Zool.) 42, 18—28 (1951).
— On the development of the frog, Leiopelma hochstetteri Fitzinger. Proc. Zool. Soc. London 124, 785—795 (1955).
Townes, P. L.: Effects of proteolytic enzymes on the fertilization membrane and jelly layers of the amphibian embryo. Exp. Cell Res. 4, 96—101 (1953).
Villiers, C. G. S. de: The development of a species of Athroleptella from Jonkershoek, Stellenbosch. S. Afr. J. Sci. 26, 481—510 (1929).
Volpe, E. P.: The early development of Rana capito sevosa. Tulane Stud. Zool. 5, 207—225 (1957).
—, M. A. Wilkens, and J. L. Dobie: Embryonic and larval development of Hyla avivoca. Copeia 1961, 340—349.
Weisz, P. B.: The development and morphology of the larva of the South African clawed toad, Xenopus laevis. II. The hatching and the first- and second-form tadpoles. J. Morph. 77, 193—217 (1945).

Werner, F.: Das Tierreich. III. Reptilien und Amphibien, Bd. 2, Amphibien. (Sammlung Göschen.) 2. Aufl. Berlin u. Leipzig: de Gruyter & Co. 1922 (80 S.).

Winterhalter, N. P.: Untersuchungen über das Stirnorgan der Anuren. Acta zool. (Stockh.) 12, 1—67 (1931).

Wintrebert, P.: L'éclosion par digestion de la coque chez les poissons, les amphibiens et les céphalopodes dibranchiaux décapodes. C. R. Ass. Anat. 23, 496—503 (1928).

Wu, H. W., and T. H. Wang: On the occurence and significance of the anti-proteolytic substance in the embryos of fishes and frogs near hatching. Sinensia 19, 6—11 (1948).

Wunder, W.: Nestbau und Brutpflege bei Amphibien. Ergebn. Biol. 8, 180—220 (1932).

Yanai, T.: Hatching glands of the toad, Bufo vulgaris formosus Boulenger. [Jap.] Zool. Mag. (Tokyo) 59, 230—234 (1950).

— On the dorsal gland of the bull frog, Rana catesbiana. [Jap.] Zool. Mag. (Tokyo) 60, 127—131 (1951a).

— On the dorsal gland of the frog, Rana rugosa, with notes on the hatching process of its embryo. [Jap.] Zool. Mag. (Tokyo) 60, 263—265 (1951b).

— On the dorsal gland of the frog, Rana nigromaculata nigromaculata. Annot. zool. jap. 24, 103—107 (1951c).

— On the development and structure of the dorsal gland of the frog, Rana temporaria ornativentris, with some observations of the hatching process of its embryo. [Jap.] Zool. Mag. (Tokyo) 61, 155—158 (1952a).

— On the dorsal gland of the frog, Rana japonica, with notes on its probable role in hatching process. [Jap.] Zool. Mag. (Tokyo) 61, 164—168 (1952b).

— Structure and development of the frontal glands of the frogs, Rhacophorus schlegelii arborea and Rhacophorus schlegelii schlegelii. Annot. zool. jap. 26, 85—90 (1953).

— Notes on the hatching glands of the frog, Polypedates buergeri. Annot. zool. jap. 31, 222—224 (1958).

—, M. Ouji, and T. Iga: Experimental studies on the origin of the frontal glands of amphibians. II. Transplantation of the neural crest. Annot. zool. jap. 28, 227—232 (1955).

— — — Effects of Ringer's and Holtfreter's solutions on the development of the frontal gland. Annot. zool. jap. 29, 28—33 (1956).

— —, and K. Omura: On the origin of the frontal gland of amphibians. Annot. zool. jap. 26, 193—201 (1953).

—, and H. Takayanagi: Notes on the hatching glands of the frog, Hyla arborea japonica. Annot. zool. jap. 31, 39—42 (1958).

Youngstrom, K. A.: Studies on the developing behavior of Anura. J. comp. Neurol. 68, 351—379 (1938).

Sachverzeichnis